Webpack实战
入门、进阶与调优

WEBPACK IN ACTION

居玉皓 著

图书在版编目（CIP）数据

Webpack 实战：入门、进阶与调优 / 居玉皓著. —北京：机械工业出版社，2019.5
（2021.10 重印）

（Web 开发技术丛书）

ISBN 978-7-111-62631-2

I. W… II. 居… III. 网页制作工具 – 程序设计 IV. TP392.092.2

中国版本图书馆 CIP 数据核字（2019）第 083441 号

Webpack 实战：入门、进阶与调优

出版发行：机械工业出版社（北京市西城区百万庄大街 22 号　邮政编码：100037）	
责任编辑：李　艺	责任校对：殷　虹
印　　刷：北京建宏印刷有限公司	版　　次：2021 年 10 月第 1 版第 6 次印刷
开　　本：186mm×240mm　1/16	印　　张：12
书　　号：ISBN 978-7-111-62631-2	定　　价：69.00 元

凡购本书，如有缺页、倒页、脱页，由本社发行部调换
客服热线：（010）88379426　88361066　　　　　投稿热线：（010）88379604
购书热线：（010）68326294　　　　　　　　　　　读者信箱：hzjsj@hzbook.com

版权所有·侵权必究
封底无防伪标均为盗版
本书法律顾问：北京大成律师事务所　韩光 / 邹晓东

Preface 前　　言

本书是我从 2017 年冬天开始动笔的。在写作本书之前的一段时间，我一直负责与前端项目构建相关的工作，也曾做过一系列 Webpack 在线课程，但是当接到写一本关于 Webpack 的书的提议时，我着实犹豫了很久。最大的担忧在于 Webpack 本身已经有详尽的文档，社区中也有无数关于它的博客文章，自己如何能找到一个新的角度，让读者有所受益。

于是我开始回想自己最初学习 Webpack 时的经历——在了解它的过程中遇到哪些曲折，使用时碰到了哪些问题，有哪些点是我觉得如果当初我早就知道就好了的。通过回忆这些曾遇到过的磕磕绊绊，我逐渐找到了写作本书的出发点——用我的语言尽可能简单、直白地介绍 Webpack，让从来没有接触过 Webpack 的开发者也可以比较容易上手；同时把我所趟过的一些坑写出来，让读到的人少走一些弯路。

有时能听到一种戏称——Webpack 配置工程师，从这里面大概能体会到 Webpack 的使用并不简单。而这本书的作用之一大概就是把里面比较晦涩的部分解释清楚，让大家了解 Webpack 是怎么工作的，它其实并不神秘。

本书内容

本书共 10 章。第 1 章是一个导引，对 Webpack 有一定基础的读者可以选择略过。第 2 章从头梳理了模块的概念。第 3 章至第 7 章介绍了 Webpack 的各项特性以及基本的使用场景。第 8 章和第 9 章则是进一步的优化以及一些高级的使用方法。最后第 10 章介绍了其他打包工具并对这些工具进行了各项特性的对比。

代码示例

书中有很多代码片段，为了在线运行方便，我在 GitHub 上整理了一个示例仓库，如果需要，可以到 https://github.com/yuhaoju/webpack-config-handbook 进行查看。

致谢

我要特别感谢我的朋友们。写书是一个漫长而孤独的过程，在此期间我得到了很多鼓励和督促。有些时候朋友还要担当我的校对者，即便对书中的内容不了解也会帮忙查看其中的错误，并提出阅读体验方面的建议，对我整本书的写作有很大的帮助。

同时要感谢杨福川和李艺两位编辑，在前期规划以及写作本书的过程中给予我不少指导，没有他们就不可能有这本书的顺利完成。

最后，感谢阅读本书的你，希望你能喜欢。

Contents 目 录

前言

第1章　Webpack 简介 ··· 1

1.1　何为 Webpack ··· 1
1.2　为什么需要 Webpack ·· 2
1.2.1　何为模块 ·· 2
1.2.2　JavaScript 中的模块 ··· 3
1.2.3　模块打包工具 ·· 4
1.2.4　为什么选择 Webpack ·· 5
1.3　安装 ··· 5
1.4　打包第一个应用 ·· 7
1.4.1　Hello World ··· 7
1.4.2　使用 npm scripts ·· 9
1.4.3　使用默认目录配置 ·· 10
1.4.4　使用配置文件 ·· 10
1.4.5　webpack-dev-server ··· 13
1.5　本章小结 ··· 15

第2章　模块打包 ·· 17

2.1　CommonJS ·· 17

		2.1.1 模块 18

- 2.1.1 模块 18
- 2.1.2 导出 18
- 2.1.3 导入 20
- 2.2 ES6 Module 22
  - 2.2.1 模块 22
  - 2.2.2 导出 23
  - 2.2.3 导入 24
  - 2.2.4 复合写法 26
- 2.3 CommonJS 与 ES6 Module 的区别 26
  - 2.3.1 动态与静态 26
  - 2.3.2 值拷贝与动态映射 27
  - 2.3.3 循环依赖 29
- 2.4 加载其他类型模块 33
  - 2.4.1 非模块化文件 34
  - 2.4.2 AMD 34
  - 2.4.3 UMD 35
  - 2.4.4 加载 npm 模块 37
- 2.5 模块打包原理 38
- 2.6 本章小结 41

第 3 章 资源输入输出 42

- 3.1 资源处理流程 42
- 3.2 配置资源入口 44
  - 3.2.1 context 44
  - 3.2.2 entry 45
  - 3.2.3 实例 47
- 3.3 配置资源出口 50
  - 3.3.1 filename 50
  - 3.3.2 path 53
  - 3.3.3 publicPath 54

3.3.4 实例 …… 56

3.4 本章小结 …… 57

第 4 章 预处理器 …… 59

4.1 一切皆模块 …… 59

4.2 loader 概述 …… 61

4.3 loader 的配置 …… 63

    4.3.1 loader 的引入 …… 63

    4.3.2 链式 loader …… 65

    4.3.3 loader options …… 65

    4.3.4 更多配置 …… 66

4.4 常用 loader 介绍 …… 70

    4.4.1 babel-loader …… 70

    4.4.2 ts-loader …… 72

    4.4.3 html-loader …… 73

    4.4.4 handlebars-loader …… 73

    4.4.5 file-loader …… 74

    4.4.6 url-loader …… 76

    4.4.7 vue-loader …… 77

4.5 自定义 loader …… 78

4.6 本章小结 …… 82

第 5 章 样式处理 …… 84

5.1 分离样式文件 …… 84

    5.1.1 extract-text-webpack-plugin …… 85

    5.1.2 多样式文件的处理 …… 87

    5.1.3 mini-css-extract-plugin …… 89

5.2 样式预处理 …… 91

    5.2.1 Sass 与 SCSS …… 91

    5.2.2 Less …… 93

5.3 PostCSS ·· 94
    5.3.1 PostCSS 与 Webpack ·· 94
    5.3.2 自动前缀 ·· 95
    5.3.3 stylelint ·· 96
    5.3.4 CSSNext ·· 98
5.4 CSS Modules ·· 99
5.5 本章小结 ·· 100

第 6 章 代码分片

6.1 通过入口划分代码 ·· 101
6.2 CommonsChunkPlugin ·· 102
    6.2.1 提取 vendor ·· 105
    6.2.2 设置提取范围 ·· 106
    6.2.3 设置提取规则 ·· 107
    6.2.4 hash 与长效缓存 ·· 109
    6.2.5 CommonsChunkPlugin 的不足 ·· 111
6.3 optimization.SplitChunks ·· 112
    6.3.1 从命令式到声明式 ·· 114
    6.3.2 默认的异步提取 ·· 115
    6.3.3 配置 ·· 116
6.4 资源异步加载 ·· 117
    6.4.1 import() ·· 118
    6.4.2 异步 chunk 的配置 ·· 120
6.5 本章小结 ·· 121

第 7 章 生产环境配置

7.1 环境配置的封装 ·· 122
7.2 开启 production 模式 ·· 124
7.3 环境变量 ·· 125
7.4 source map ·· 126

- 7.4.1 原理 ... 126
- 7.4.2 source map 配置 ... 127
- 7.4.3 安全 ... 129
- 7.5 资源压缩 ... 130
  - 7.5.1 压缩 JavaScript ... 130
  - 7.5.2 压缩 CSS ... 132
- 7.6 缓存 ... 133
  - 7.6.1 资源 hash ... 133
  - 7.6.2 输出动态 HTML ... 134
  - 7.6.3 使 chunk id 更稳定 ... 136
- 7.7 bundle 体积监控和分析 ... 138
- 7.8 本章小结 ... 140

第 8 章 打包优化 ... 141

- 8.1 HappyPack ... 141
  - 8.1.1 工作原理 ... 142
  - 8.1.2 单个 loader 的优化 ... 142
  - 8.1.3 多个 loader 的优化 ... 144
- 8.2 缩小打包作用域 ... 145
  - 8.2.1 exclude 和 include ... 145
  - 8.2.2 noParse ... 146
  - 8.2.3 IgnorePlugin ... 146
  - 8.2.4 Cache ... 147
- 8.3 动态链接库与 DllPlugin ... 147
  - 8.3.1 vendor 配置 ... 148
  - 8.3.2 vendor 打包 ... 149
  - 8.3.3 链接到业务代码 ... 150
  - 8.3.4 潜在问题 ... 151
- 8.4 tree shaking ... 152
  - 8.4.1 ES6 Module ... 153

8.4.2　使用 Webpack 进行依赖关系构建 ················ 153

　　8.4.3　使用压缩工具去除死代码 ·············· 154

8.5　本章小结 ·············· 154

第 9 章　开发环境调优 ·············· 155

9.1　Webpack 开发效率插件 ·············· 155

　　9.1.1　webpack-dashboard ·············· 155

　　9.1.2　webpack-merge ·············· 157

　　9.1.3　speed-measure-webpack-plugin ·············· 160

　　9.1.4　size-plugin ·············· 160

9.2　模块热替换 ·············· 162

　　9.2.1　开启 HMR ·············· 162

　　9.2.2　HMR 原理 ·············· 164

　　9.2.3　HMR API 示例 ·············· 166

9.3　本章小结 ·············· 168

第 10 章　更多 JavaScript 打包工具 ·············· 169

10.1　Rollup ·············· 169

　　10.1.1　配置 ·············· 170

　　10.1.2　tree shaking ·············· 171

　　10.1.3　可选的输出格式 ·············· 172

　　10.1.4　使用 Rollup 构建 JavaScript 库 ·············· 173

10.2　Parcel ·············· 173

　　10.2.1　打包速度 ·············· 174

　　10.2.2　零配置 ·············· 176

10.3　打包工具的发展趋势 ·············· 178

　　10.3.1　性能与通用性 ·············· 178

　　10.3.2　配置极小化与工程标准化 ·············· 178

　　10.3.3　WebAssembly ·············· 179

10.4　本章小结 ·············· 180

第 1 章

Webpack 简介

本书第 1 章会对 Webpack 进行大致介绍,让大家对 Webpack 有一个初步的了解。主要包括以下几个部分:

- 何为 Webpack;
- 使用 Webpack 的意义;
- 安装 Webpack;
- 如何开始一个 Webpack 工程。

如果你已经是一个 Webpack 老手,可以选择跳过这一章;假如你对 Webpack 还不是很熟悉,那么本章会带你快速上手。让我们开始吧!

1.1 何为 Webpack

Webpack 是一个开源的 JavaScript 模块打包工具,其最核心的功能是解决模块之间的依赖,把各个模块按照特定的规则和顺序组织在一起,最终合并为一个 JS 文件(有时会有多个,这里讨论的只是最基本的情况)。这个过程就叫作模块打包。

你可以把 Webpack 理解为一个模块处理工厂。我们把源代码交给 Webpack，由它去进行加工、拼装处理，产出最终的资源文件，等待送往用户。

没有接触过打包工具的读者可能会疑惑，在 Web 开发中我们打交道的无非是 HTML、CSS、JS 等静态资源，为什么不直接将工程中的源文件发布到服务器或 CDN，而要交给 Webpack 处理呢？这两者之间有什么不同？接下来我们就要阐述使用 Webpack 的意义。

1.2 为什么需要 Webpack

开发一个简单的 Web 应用，其实只需要浏览器和一个简单的编辑器就可以了。最早的 Web 应用就是这么开发的，因为需求很简单。当应用的规模大了之后，就必须借助一定的工具，否则人工维护代码的成本将逐渐变得难以承受。学会使用工具可以让开发效率成倍地提升，所谓"工欲善其事，必先利其器"就是这个意思。

说回 Webpack，既然它解决的最主要问题是模块打包，那么为了更好地阐述 Webpack 的作用，我们必须先谈谈模块。

1.2.1 何为模块

我们每时每刻都在与模块打交道。比如，在工程中引入一个日期处理的 npm 包，或者编写一个提供工具方法的 JS 文件，这些都可以称为模块。

在设计程序结构时，把所有代码都堆到一起是非常糟糕的做法。更好的组织方式是按照特定的功能将其拆分为多个代码段，每个代码段实现一个特定的目的。你可以对其进行独立的设计、开发和测试，最终通过接口来将它们组合在一起。这就是基本的模块化思想。

如果把程序比作一个城市，这个城市内部有不同的职能部门，如学校、医院、消防局等。程序中的模块就像这些职能部门一样，每一个都有其特定的功能。各个模块协同工作，才能保证程序的正常运转。

1.2.2 JavaScript 中的模块

在大多数程序语言中（如 C、C++、Java），开发者都可以直接使用模块化进行开发。工程中的各个模块在经过编译、链接等过程后会被整合成单一的可执行文件并交由系统运行。

对于 JavaScript 来说，情况则有所不同。在过去的很长一段时间里，JavaScript 这门语言并没有模块这一概念。如果工程中有多个 JS 文件，我们只能通过 script 标签将它们一个个插入页面中。

为何偏偏 JavaScript 没有模块呢？如果要追溯历史原因，JavaScript 之父——Brendan Eich 最初设计这门语言时只是将它定位成一个小型的脚本语言，用来实现网页上一些简单的动态特性，远没有考虑到会用它实现今天这样复杂的场景，模块化当然也就显得多余了。

随着技术的发展，JavaScript 已经不仅仅用来实现简单的表单提交等功能，引入多个 script 文件到页面中逐渐成为一种常态，但我们发现这种做法有很多缺点：

- 需要手动维护 JavaScript 的加载顺序。页面的多个 script 之间通常会有依赖关系，但由于这种依赖关系是隐式的，除了添加注释以外很难清晰地指明谁依赖了谁，这样当页面中加载的文件过多时就很容易出现问题。
- 每一个 script 标签都意味着需要向服务器请求一次静态资源，在 HTTP 2 还没出现的时期，建立连接的成本是很高的，过多的请求会严重拖慢网页的渲染速度。
- 在每个 script 标签中，顶层作用域即全局作用域，如果没有任何处理而直接在代码中进行变量或函数声明，就会造成全局作用域的污染。

模块化则解决了上述的所有问题。

- 通过导入和导出语句我们可以清晰地看到模块间的依赖关系，这点在后面会做详细的介绍。
- 模块可以借助工具来进行打包，在页面中只需要加载合并后的资源文件，减少了网络开销。

❑ 多个模块之间的作用域是隔离的,彼此不会有命名冲突。

从 2009 年开始,JavaScript 社区开始对模块化进行不断的尝试,并依次出现了 AMD、CommonJS、CMD 等解决方案。但这些都只是由社区提出的,并不能算语言本身的特性。而在 2015 年,ECMAScript 6.0（ES6）正式定义了 JavaScript 模块标准,使这门语言在诞生了 20 年之后终于拥有了模块这一概念。

ES6 模块标准目前已经得到了大多数现代浏览器的支持,但在实际应用方面还需要等待一段时间。主要有以下几点原因：

❑ 无法使用 code splitting 和 tree shaking（Webpack 的两个特别重要的特性,之后的章节会介绍）。
❑ 大多数 npm 模块还是 CommonJS 的形式,而浏览器并不支持其语法,因此这些包没有办法直接拿来用。
❑ 仍然需要考虑个别浏览器及平台的兼容性问题。

那么,如何才能让我们的工程在使用模块化的同时也能正常运行在浏览器中呢？这就到了模块打包工具出场的时候了。

1.2.3 模块打包工具

模块打包工具（module bundler）的任务就是解决模块间的依赖,使其打包后的结果能运行在浏览器上。它的工作方式主要分为两种：

❑ 将存在依赖关系的模块按照特定规则合并为单个 JS 文件,一次全部加载进页面中。
❑ 在页面初始时加载一个入口模块,其他模块异步地进行加载。

目前社区中比较流行的模块打包工具有 Webpack、Parcel、Rollup 等。

1.2.4 为什么选择 Webpack

对比同类模块打包工具，Webpack 具备以下几点优势。

1）Webpack 默认支持多种模块标准，包括 AMD、CommonJS，以及最新的 ES6 模块，而其他工具大多只能支持一到两种。这对于一些同时使用多种模块标准的工程非常有用，Webpack 会帮我们处理好不同类型模块之间的依赖关系。

2）Webpack 有完备的代码分割（code splitting）解决方案。从字面意思去理解，它可以分割打包后的资源，首屏只加载必要的部分，不太重要的功能放到后面动态地加载。这对于资源体积较大的应用来说尤为重要，可以有效地减小资源体积，提升首页渲染速度。

3）Webpack 可以处理各种类型的资源。除了 JavaScript 以外，Webpack 还可以处理样式、模板，甚至图片等，而开发者需要做的仅仅是导入它们。比如你可以从 JavaScript 文件导入一个 CSS 或者 PNG，而这一切最终都可以由第 4 章讲到的 loader 来处理。

4）Webpack 拥有庞大的社区支持。除了 Webpack 核心库以外，还有无数开发者来为它编写周边插件和工具，绝大多数的需求你都可以直接找到已有解决方案，甚至会有多个解决方案供你挑选。

以上我们对 Webpack 进行了简要介绍，但是说再多也不如实际操作一次，现在让我们来真正上手试一试吧。

1.3 安装

Webpack 对于操作系统没有要求，使用 Windows、Mac、Linux 操作系统均可。它唯一的依赖就是 Node.js，下面来对其进行安装。

Webpack 对 Node.js 的版本是有一定要求的，推荐使用 Node.js 的 LTS（Long Term Support，长期维护）版本。LTS 版本是 Node.js 在"当前阶段"较为稳定的版本，具体版本号及发布计划可以到 https://github.com/nodejs/Release 进行查看。LTS 版本中不会包含过于激进的特性，并且已经经过了一定时间的检验，比较适合生产环境。大多数 Node.js 模块也都会依照 LTS 版本的特性进行支持。

在 Node.js 官网（https://nodejs.org/）上，一般都会把 LTS 版本放在较为醒目的位置，用户根据自己的系统环境进行下载和安装即可。安装完成后，打开命令行并执行 node –v，不出意外的话会显示当前 Node.js 的版本号，代表已经安装成功。

接下来，我们需要使用 Node.js 的包管理器 npm 来安装 Webpack。使用过 npm 的读者应该知道，安装模块的方式有两种：一种是全局安装，一种是本地安装。对于 Webpack 来说，我们也有这两种选择。

全局安装 Webpack 的好处是 npm 会帮我们绑定一个命令行环境变量，一次安装、处处运行；本地安装则会添加其成为项目中的依赖，只能在项目内部使用。这里建议使用本地安装的方式，主要有以下两点原因：

- 如果采用全局安装，那么在与他人进行项目协作的时候，由于每个人系统中的 Webpack 版本不同，可能会导致输出结果不一致。
- 部分依赖于 Webpack 的插件会调用项目中 Webpack 的内部模块，这种情况下仍然需要在项目本地安装 Webpack，而如果全局和本地都有，则容易造成混淆。

基于以上两点，我们选择在工程内部安装 Webpack 的方式。首先新建一个工程目录，从命令行进入该目录，并执行 npm 的初始化命令。

```
npm init  # 如果你使用 yarn，则为 yarn init
```

此时会要求你输入项目的基本信息，因为这里只是为了生成一个示例，根据提示操作就好。然后，我们会看到目录中生成了一个 package.json 文件，它相当于 npm 项目的说明书，里面记录了项目名称、版本、仓库地址等信息。

接下来执行安装 Webpack 的命令：

```
npm install webpack webpack-cli --save-dev
```

这里我们同时安装了 webpack 以及 webpack-cli。webpack 是核心模块，webpack-cli 则是命令行工具，在本例中两者都是必需的。

安装结束之后，在命令行执行 npx webpack -v 以及 npx webpack-cli -v，可显示各自的版本号，即证明安装成功。

> **注意** 由于我们将 Webpack 安装在了本地，因此无法直接在命令行内使用"webpack"指令。工程内部只能使用 npx webpack <command> 的形式，本章后面会介绍简化该命令的方法。

1.4 打包第一个应用

让我们趁热打铁来打包刚刚的示例工程。如果你是第一次接触 Webpack，建议按照下面的指引一步步进行操作。代码中不熟悉的地方也不必深究，这个示例只是为了让我们直观地认识 Webpack 的一些特性。

1.4.1 Hello World

首先，我们在工程目录下添加以下几个文件。

index.js：

```
import addContent from './add-content.js';
document.write('My first Webpack app.<br />');
addContent();
```

add-content.js：

```
export default function() {
    document.write('Hello world!');
}
```

index.html：

```html
<!DOCTYPE html>
<html lang="zh-CN">
<head>
    <meta charset="UTF-8">
    <title>My first Webpack app.</title>
</head>
<body>
    <script src="./dist/bundle.js"></script>
</body>
</html>
```

然后在控制台输入打包命令:

```
npx webpack --entry=./index.js --output-filename=bundle.js --mode=development
```

用浏览器打开 index.html, 这时应该可以看到在页面上会显示 "My first Webpack app. Hello world!", 如图 1-1 所示。

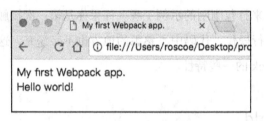

图 1-1　index.html 输出结果

刚刚 Webpack 帮我们完成了一项最基本的模块组装工作, 现在让我们回顾一下刚刚输入的指令。

命令行的第 1 个参数 entry 是资源打包的入口。Webpack 从这里开始进行模块依赖的查找, 得到项目中包含 index.js 和 add-content.js 两个模块, 并通过它们来生成最终产物。

命令行的第 2 个参数 output-filename 是输出资源名。你会发现打包完成后工程中出现了一个 dist 目录, 其中包含的 bundle.js 就是 Webpack 的打包结果。

最后的参数 mode 指的是打包模式。Webpack 为开发者提供了 development、production、none 三种模式。当置于 development 和 production 模式下时, 它会自动添加适合于当前模式的一系列配置,减少了人为的工作量。在开发环境下,一般设置为 development 模式就可以了。

为了验证打包结果,可以用浏览器打开 index.html。项目中的 index.js 和 content.js 现在已经成为了 budnle.js,被页面加载和执行,并输出了各自的内容。

1.4.2 使用 npm scripts

从上面的例子不难发现,我们每进行一次打包都要输入一段冗长的命令,这样做不仅耗时而且容易出错。为了使命令行指令更加简洁,我们可以在 package.json 中添加一个脚本命令。

编辑工程中的 package.json 文件:

```
......
  "scripts": {
    "build": "webpack --entry=./index.js --output-filename=bundle.js --mode=development"
  },
......
```

scripts 是 npm 提供的脚本命令功能,在这里我们可以直接使用由模块所添加的指令(比如用"webpack"取代之前的"npx webpack")。

为了验证打包结果,可以对 add-content.js 的内容稍加修改:

```
export default function() {
    document.write('I\'m using npm scripts!');
}
```

重新执行打包,这次输入 npm 命令即可:

```
npm run build
```

打开浏览器验证效果,如图 1-2 所示。

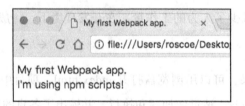

图 1-2　index.html 内容变为了 "I'm using npm scripts!"

1.4.3　使用默认目录配置

上面的 index.js 是放在工程根目录下的，而通常情况下我们会分别设置源码目录与资源输出目录。工程源代码放在 /src 中，输出资源放在 /dist 中。本书后续章节的示例也会按照该标准进行目录划分。

在工程中创建一个 src 目录，并将 index.js 和 add-content.js 移动到该目录下。对于资源输出目录来说，Webpack 已经默认是 /dist，我们不需要做任何改动。

另外需要提到的是，Webpack 默认的源代码入口就是 src/index.js，因此现在可以省略掉 entry 的配置了。编辑 package.json：

```
......
"scripts": {
  "build": "webpack --output-filename=bundle.js --mode=development"
},
......
```

虽然目录命名并不是强制的，但 Webpack 提供了配置项让我们去进行更改，但还是建议遵循统一的命名规范，这样会使得大体结构比较清晰，也利于多人协作。

1.4.4　使用配置文件

为了满足不同应用场景的需求，Webpack 拥有非常多的配置项以及相对应的命令行参数。我们可以通过 Webpack 的帮助命令来进行查看。

```
npx webpack -h
```

部分参数如图 1-3 所示。

```
Config options:
  --config         Path to the config file
                   [字符串] [默认值: webpack.config.js or webpackfile.js]
  --config-name    Name of the config to use                      [字符串]
  --env            Environment passed to the config, when it is a function

Basic options:
  --context        The root directory for resolving entry point and stats
                                          [字符串] [默认值: The current directory]
  --entry          The entry point                                [字符串]
  --watch, -w      Watch the filesystem for changes               [布尔]
  --debug          Switch loaders to debug mode                   [布尔]
  --devtool        Enable devtool for better debugging experience (Example:
                   --devtool eval-cheap-module-source-map)        [字符串]
  -d               shortcut for --debug --devtool eval-cheap-module-source-map
                   --output-pathinfo                              [布尔]
  -p               shortcut for --optimize-minimize --define
                   process.env.NODE_ENV="production"              [布尔]
  --progress       Print compilation progress in percentage       [布尔]
```

图 1-3　Webpack 配置参数

从之前我们在 package.json 中添加的脚本命令来看，当项目需要越来越多的配置时，就要往命令中添加更多的参数，那么到后期维护起来就会相当困难。为了解决这个问题，可以把这些参数改为对象的形式专门放在一个配置文件里，在 Webpack 每次打包的时候读取该配置文件即可。

Webpack 的默认配置文件为 webpack.config.js（也可以使用其他文件名，需要使用命令行参数指定）。现在让我们在工程根目录下创建 webpack.config.js，并添加如下代码：

```
module.exports = {
    entry: './src/index.js',
    output: {
        filename: 'bundle.js',
    },
    mode: 'development',
}
```

上面通过 module.exports 导出了一个对象，也就是打包时被 Webpack 接收的配置对象。先前在命令行中输入的一大串参数就都要改为 key-value 的形式放在这个对象中。

目前该对象包含两个关于资源输入输出的属性——entry 和 output。entry 就是我们的资源入口，output 则是一个包含更多详细配置的对象。在 Webpack 配置中，我们经常会遇到这种层叠的属性关系。这是由于 Webpack 本身配置实在太多，如果都放在同一级会难以管理，因此出现了这种多级配置。当开发者要修改某个配置项时，通过层级关系找下来会更加清晰、快捷。

之前的参数 --output-filename 和 --output-path 现在都成为了 output 下面的属性。filename 和先前一样都是 bundle.js，不需要改动，而 path 和之前有所区别。Webpack 对于 output.path 的要求是使用绝对路径（从系统根目录开始的完整路径），之前我们在命令行中为了简洁所以使用了相对路径。而在 webpack.config.js 中，我们通过调用 Node.js 的路径拼装函数——path.join，将 __dirname（Node.js 内置全局变量，值为当前文件所在的绝对路径）与 dist（输出目录）连接起来，得到了最终的资源输出路径。

现在我们可以去掉 package.json 中配置的打包参数了：

```
……
  "scripts": {
    "build": "webpack"
  },
……
```

为了验证最终效果，再对 add-content.js 的内容稍加修改：

```
export default function() {
    document.write('I\'m using a config file!');
}
```

执行 npm run build，Webpack 就会预先读取 webpack.config.js，然后进行打包。完成之后我们打开 index.html 进行验证，结果如图 1-4 所示。

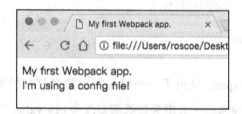

图 1-4　index.html 内容变为了 "I'm using a config file!"

1.4.5　webpack-dev-server

到这里，其实我们已经把 Webpack 的初始环境配置完毕了。你可能会发现，单纯使用 Webpack 以及它的命令行工具来进行开发调试的效率并不高。以往只要编辑项目源文件（JS、CSS、HTML 等），刷新页面即可看到效果。现在多了一步打包，我们在改完项目源码后要执行 npm run build 更新 bundle.js，然后才能刷新页面生效。有没有更简便的方法呢？

其实 Webpack 社区已经为我们提供了一个便捷的本地开发工具——webpack-dev-server。用以下命令进行安装：

```
npm install webpack-dev-server --save-dev
```

安装指令中的 --save-dev 参数是将 webpack-dev-server 作为工程的 devDependencies（开发环境依赖）记录在 package.json 中。这样做是因为 webpack-dev-server 仅仅在本地开发时才会用到，在生产环境中并不需要它，所以放在 devDependencies 中是比较恰当的。假如工程上线时要进行依赖安装，就可以通过 npm install --production 过滤掉 devDependencies 中的冗余模块，从而加快安装和发布的速度。

为了便捷地启动 webpack-dev-server，我们在 package.json 中添加一个 dev 指令：

```
......
  "scripts": {
    "build": "webpack",
    "dev": "webpack-dev-server"
  },
......
```

最后，我们还需要对 webpack-dev-server 进行配置。编辑 webpack.config.js 如下：

```
module.exports = {
    entry: './src/index.js',
    output: {
        filename: './bundle.js',
    },
    mode: 'develpoment',
    devServer: {
```

```
        publicPath: '/dist',
    },
};
```

可以看到，我们在配置中添加了一个 devServer 对象，它是专门用来放 webpack-dev-server 配置的。webpack-dev-server 可以看作一个服务者，它的主要工作就是接收浏览器的请求，然后将资源返回。当服务启动时，会先让 Webpack 进行模块打包并将资源准备好（在示例中就是 bundle.js）。当 webpack-dev-server 接收到浏览器的资源请求时，它会首先进行 URL 地址校验。如果该地址是资源服务地址（上面配置的 publicPath），就会从 Webpack 的打包结果中寻找该资源并返回给浏览器。反之，如果请求地址不属于资源服务地址，则直接读取硬盘中的源文件并将其返回。

综上我们可以总结出 webpack-dev-server 的两大职能：

- 令 Webpack 进行模块打包，并处理打包结果的资源请求。
- 作为普通的 Web Server，处理静态资源文件请求。

最后，在启动服务之前，我们还是更改一下 add-content.js：

```
export default function() {
    document.write('I\'m using webpack-dev-server!');
}
```

一切就绪，执行 npm run dev 并用浏览器打开 http://localhost:8080/，可以看到如图 1-5 所示的输出结果。

图 1-5　index.html 内容变为了"I'm using webpack-dev-server!"

这里有一点需要注意。直接用 Webpack 开发和使用 webpack-dev-server 有一个很大的区别，前者每次都会生成 budnle.js，而 webpack-dev-server 只是将打包结果放在内存中，并不会写入实际的 bundle.js，在每次 webpack-dev-server 接收到请求时都只是将内存中的打包结果返回给浏览器。

这一点可以通过删除工程中的 dist 目录来验证，你会发现即便 dist 目录不存在，刷新页面后功能仍然是正常的。从开发者的角度来看，这其实是符合情理的。在本地开发阶段我们经常会调整目录结构和文件名，如果每次都写入实际文件最后就会产生一些没用的垃圾文件，还会干扰我们的版本控制，因此 webpack-dev-server 的处理方式显得更加简洁。

webpack-dev-server 还有一项很便捷的特性就是 live-reloading（自动刷新）。让我们保持本地服务启动以及浏览器打开的状态，到编辑器去更改 add-content.js：

```
export default function() {
    document.write('This is from live-reloading!');
}
```

此时切回到浏览器，你会发现浏览器的内容自动更新了，这就是 live-reloading 的功能。当 webpack-dev-server 发现工程源文件进行了更新操作就会自动刷新浏览器，显示更新后的内容。该特性可以提升我们本地开发的效率。在后面我们还会讲到更先进的 hot-module-replacement（模块热替换），我们甚至不需要刷新浏览器就能获取更新之后的内容。

1.5 本章小结

在这一章里，我们介绍了 Webpack 的功能，它可以处理模块之间的依赖，将它们串联起来合并为单一的 JS 文件。

在安装 Webpack 时我们一般选择在项目本地安装的方式，这样可以使团队开发时共用一个版本，并且可以让其他插件直接获取 Webpack 的内部模块。

配置本地开发环境可以借助 npm scripts 来维护命令行脚本，当打包脚本参数过多时，我们需要将其转化为 webpack.config.js，用文件的方式维护复杂的 Webpack 配置。

webpack-dev-server 的作用是启动一个本地服务，可以处理打包资源与静态文件的请求。它的 live-reloading 功能可以监听文件变化，自动刷新页面来提升开发效率。

现在我们本地的工程环境已经准备好，接下来我们会介绍如何编写和使用模块，以及 Webpack 是通过何种方式将模块串联在一起工作的，这对于理解和使用 Webpack 至关重要。

第 2 章 模块打包

模块之于程序,就如同细胞之于生物体,是具有特定功能的组成单元。不同的模块负责不同的工作,它们以某种方式联系在一起,共同保证程序的正常运转。本章我们将深入模块,了解 Webpack 如何对其进行打包以及合并。本章将包含以下几个部分:

- 不同模块的标准以及它们之间的区别;
- 如何编写模块;
- 模块打包的原理。

随着 JavaScript 语言的发展,社区中产生了很多模块标准。在认识这些标准的同时,也要了解其背后的思想。例如,它为什么会有这个特性,或者为什么要这样去实现。这对我们自己编写模块也会有所帮助。

2.1 CommonJS

CommonJS 是由 JavaScript 社区于 2009 年提出的包含模块、文件、IO、控制台在内的一系列标准。在 Node.js 的实现中采用了 CommonJS 标准的一部分,并在其基础上进行了一些调整。我们所说的 CommonJS 模块和 Node.js 中的实现并不完全一样,现在一般谈到 CommonJS 其实是 Node.js 中的版本，而非它的原始定义。

CommonJS 最初只为服务端而设计，直到有了 Browserify———一个运行在 Node.js 环境下的模块打包工具，它可以将 CommonJS 模块打包为浏览器可以运行的单个文件。这意味着客户端的代码也可以遵循 CommonJS 标准来编写了。

不仅如此，借助 Node.js 的包管理器，npm 开发者还可以获取他人的代码库，或者把自己的代码发布上去供他人使用。这种可共享的传播方式使 CommonJS 在前端开发中逐渐流行了起来。

2.1.1 模块

CommonJS 中规定每个文件是一个模块。将一个 JavaScript 文件直接通过 script 标签插入页面中与封装成 CommonJS 模块最大的不同在于，前者的顶层作用域是全局作用域，在进行变量及函数声明时会污染全局环境；而后者会形成一个属于模块自身的作用域，所有的变量及函数只有自己能访问，对外是不可见的。请看下面的例子：

```
// calculator.js
var name = 'calculator.js';

// index.js
var name = 'index.js';
require('./calculator.js');
console.log(name); // index.js
```

这里有两个文件，在 index.js 中我们通过 CommonJS 的 require 函数加载 calculator.js。运行之后控制台结果是"index.js"，这说明 calculator.js 中的变量声明并不会影响 index.js，可见每个模块是拥有各自的作用域的。

2.1.2 导出

导出是一个模块向外暴露自身的唯一方式。在 CommonJS 中，通过 module.exports 可以导出模块中的内容，如：

```
module.exports = {
    name: 'calculater',
    add: function(a, b) {
        return a + b;
    }
};
```

CommonJS 模块内部会有一个 module 对象用于存放当前模块的信息，可以理解成在每个模块的最开始定义了以下对象：

```
var module = {...};
// 模块自身逻辑
module.exports = {...};
```

module.exports 用来指定该模块要对外暴露哪些内容，在上面的代码中我们导出了一个对象，包含 name 和 add 两个属性。为了书写方便，CommonJS 也支持另一种简化的导出方式——直接使用 exports。

```
exports.name = 'calculater';
exports.add = function(a, b) {
    return a + b;
};
```

在实现效果上，这段代码和上面的 module.exports 没有任何不同。其内在机制是将 exports 指向了 module.exports，而 module.exports 在初始化时是一个空对象。我们可以简单地理解为，CommonJS 在每个模块的首部默认添加了以下代码：

```
var module = {
    exports: {},
};
var exports = module.exports;
```

因此，为 exports.add 赋值相当于在 module.exports 对象上添加了一个属性。

在使用 exports 时要注意一个问题，即不要直接给 exports 赋值，否则会导致其失效。如：

```
exports = {
    name: 'calculater'
};
```

上面代码中，由于对 exports 进行了赋值操作，使其指向了新的对象，module.exports 却仍然是原来的空对象，因此 name 属性并不会被导出。

另一个在导出时容易犯的错误是不恰当地把 module.exports 与 exports 混用。

```
exports.add = function(a, b) {
    return a + b;
};
module.exports = {
    name: 'calculater'
};
```

上面的代码先通过 exports 导出了 add 属性，然后将 module.exports 重新赋值为另外一个对象。这会导致原本拥有 add 属性的对象丢失了，最后导出的只有 name。

另外，要注意导出语句不代表模块的末尾，在 module.exports 或 exports 后面的代码依旧会照常执行。比如下面的 console 会在控制台上打出 "end"：

```
module.exports = {
    name: 'calculater'
};
console.log('end');
```

在实际使用中，为了提高可读性，不建议采取上面的写法，而是应该将 module.exports 及 exports 语句放在模块的末尾。

2.1.3 导入

在 CommonJS 中使用 require 进行模块导入。如：

```
// calculator.js
module.exports = {
    add: function(a, b) {return a + b;}
};
// index.js
const calculator = require('./calculator.js');
const sum = calculator.add(2, 3);
console.log(sum); // 5
```

我们在 index.js 中导入了 calculator 模块，并调用了它的 add 函数。

当我们 require 一个模块时会有两种情况：

- require 的模块是第一次被加载。这时会首先执行该模块，然后导出内容。
- require 的模块曾被加载过。这时该模块的代码不会再次执行，而是直接导出上次执行后得到的结果。

请看下面的例子：

```
// calculator.js
console.log('running calculator.js');
module.exports = {
    name: 'calculator',
    add: function(a, b) {
        return a + b;
    }
};

// index.js
const add = require('./calculator.js').add;
const sum = add(2, 3);
console.log('sum:', sum);
const moduleName = require('./calculator.js').name;
console.log('end');
```

控制台的输出结果如下：

```
running calculator.js
sum: 5
end
```

从结果可以看到，尽管我们有两个地方 require 了 calculator.js，但其内部代码只执行了一遍。

我们前面提到，模块会有一个 module 对象用来存放其信息，这个对象中有一个属性 loaded 用于记录该模块是否被加载过。它的值默认为 false，当模块第一次被加载和执行过后会置为 true，后面再次加载时检查到 module.loaded 为 true，则不会再次执行模块代码。

有时我们加载一个模块,不需要获取其导出的内容,只是想要通过执行它而产生某种作用,比如把它的接口挂在全局对象上,此时直接使用 require 即可。

```
require('./task.js');
```

另外,require 函数可以接收表达式,借助这个特性我们可以动态地指定模块加载路径。

```
const moduleNames = ['foo.js', 'bar.js'];
moduleNames.forEach(name => {
    require('./' + name);
});
```

2.2　ES6 Module

在 JavaScript 之父 Brendan Eich 最初设计这门语言时,原本并没有包含模块的概念。基于越来越多的工程需求,为了使用模块化进行开发,JavaScript 社区中涌现出了多种模块标准,其中也包括 CommonJS。一直到 2015 年 6 月,由 TC39 标准委员会正式发布了 ES6（ECMAScript 6.0）,从此 JavaScript 语言才具备了模块这一特性。

2.2.1　模块

请看下面的例子,我们将前面的 calculator.js 和 index.js 使用 ES6 的方式进行了改写。

```
// calculator.js
export default {
    name: 'calculator',
    add: function(a, b) {
        return a + b;
    }
};

// index.js
import calculator from './calculator.js';
const sum = calculator.add(2, 3);
console.log(sum); // 5
```

ES6 Module 也是将每个文件作为一个模块，每个模块拥有自身的作用域，不同的是导入、导出语句。import 和 export 也作为保留关键字在 ES6 版本中加入了进来（CommonJS 中的 module 并不属于关键字）。

ES6 Module 会自动采用严格模式，这在 ES5（ECMAScript 5.0）中是一个可选项。以前我们可以通过选择是否在文件开始时加上"use strict"来控制严格模式，在 ES6 Module 中不管开头是否有"use strict"，都会采用严格模式。如果将原本是 CommonJS 的模块或任何未开启严格模式的代码改写为 ES6 Module 要注意这点。

2.2.2 导出

在 ES6 Module 中使用 export 命令来导出模块。export 有两种形式：

- 命名导出
- 默认导出

一个模块可以有多个命名导出。它有两种不同的写法：

```
// 写法1
export const name = 'calculator';
export const add = function(a, b) { return a + b; };

// 写法2
const name = 'calculator';
const add = function(a, b) { return a + b; };
export { name, add };
```

第 1 种写法是将变量的声明和导出写在一行；第 2 种则是先进行变量声明，然后再用同一个 export 语句导出。两种写法的效果是一样的。

在使用命名导出时，可以通过 as 关键字对变量重命名。如：

```
const name = 'calculator';
const add = function(a, b) { return a + b; };
export { name, add as getSum }; // 在导入时即为 name 和 getSum
```

与命名导出不同，模块的默认导出只能有一个。如：

```javascript
export default {
    name: 'calculator',
    add: function(a, b) {
        return a + b;
    }
};
```

我们可以将 export default 理解为对外输出了一个名为 default 的变量，因此不需要像命名导出一样进行变量声明，直接导出值即可。

```javascript
// 导出字符串
export default 'This is calculator.js';
// 导出 class
export default class {...}
// 导出匿名函数
export default function() {...}
```

2.2.3 导入

ES6 Module 中使用 import 语法导入模块。首先我们来看如何加载带有命名导出的模块，请看下面的例子：

```javascript
// calculator.js
const name = 'calculator';
const add = function(a, b) { return a + b; };
export { name, add };

// index.js
import { name, add } from './calculator.js';
add(2, 3);
```

加载带有命名导出的模块时，import 后面要跟一对大括号来将导入的变量名包裹起来，并且这些变量名需要与导出的变量名完全一致。导入变量的效果相当于在当前作用域下声明了这些变量（name 和 add），并且不可对其进行更改，也就是所有导入的变量都是只读的。

与命名导出类似，我们可以通过 as 关键字可以对导入的变量重命名。如：

```javascript
import { name, add as calculateSum } from './calculator.js';
```

```
calculateSum(2, 3);
```

在导入多个变量时,我们还可以采用整体导入的方式。如:

```
import * as calculator from './calculator.js';
console.log(calculator.add(2, 3));
console.log(calculator.name);
```

使用 import * as <myModule> 可以把所有导入的变量作为属性值添加到 <myModule> 对象中,从而减少了对当前作用域的影响。

接下来处理默认导出,请看下面这个例子:

```
// calculator.js
export default {
    name: 'calculator',
    add: function(a, b) { return a + b; }
};

// index.js
import myCalculator from './calculator.js';
calculator.add(2, 3);
```

对于默认导出来说,import 后面直接跟变量名,并且这个名字可以自由指定(比如这里是 myCalculator),它指代了 calculator.js 中默认导出的值。从原理上可以这样去理解:

```
import { default as myCalculator } from './calculator.js';
```

最后看一个两种导入方式混合起来的例子:

```
// index.js
import React, { Component } from 'react';
```

这里的 React 对应的是该模块的默认导出,而 Component 则是其命名导出中的一个变量。

> **注意** 这里的 React 必须写在大括号前面,而不能顺序颠倒,否则会提示语法错误。

2.2.4 复合写法

在工程中，有时需要把某一个模块导入之后立即导出，比如专门用来集合所有页面或组件的入口文件。此时可以采用复合形式的写法：

```
export { name, add } from './calculator.js';
```

复合写法目前只支持当被导入模块（这里的 calculator.js）通过命名导出的方式暴露出来的变量，默认导出则没有对应的复合形式，只能将导入和导出拆开写。

```
import calculator from "./calculator.js ";
export default calculator;
```

2.3 CommonJS 与 ES6 Module 的区别

上面我们分别介绍了 CommonJS 和 ES6 Module 两种形式的模块定义，在实际开发过程中我们经常会将二者混用，因此这里有必要对比一下它们各自的特性。

2.3.1 动态与静态

CommonJS 与 ES6 Module 最本质的区别在于前者对模块依赖的解决是"动态的"，而后者是"静态的"。在这里"动态"的含义是，模块依赖关系的建立发生在代码运行阶段；而"静态"则是模块依赖关系的建立发生在代码编译阶段。

让我们先看一个 CommonJS 的例子：

```
// calculator.js
module.exports = { name: 'calculator' };
// index.js
const name = require('./calculator.js').name;
```

在上面介绍 CommonJS 的部分时我们提到过，当模块 A 加载模块 B 时（在上面的例子中是 index.js 加载 calculator.js），会执行 B 中的代码，并将其 module.exports 对象作为 require 函数的返回值进行返回。并且 require 的模块路径可以动态指定，支持传入一个表达式，我们甚至可以通过 if 语句判断是否加载某个模块。因此，在 CommonJS

模块被执行前，并没有办法确定明确的依赖关系，模块的导入、导出发生在代码的运行阶段。

同样的例子，让我们再对比看下 ES6 Module 的写法：

```
// calculator.js
export const name = 'calculator';
// index.js
import { name } from './calculator.js';
```

ES6 Module 的导入、导出语句都是声明式的，它不支持导入的路径是一个表达式，并且导入、导出语句必须位于模块的顶层作用域（比如不能放在 if 语句中）。因此我们说，ES6 Module 是一种静态的模块结构，在 ES6 代码的编译阶段就可以分析出模块的依赖关系。它相比于 CommonJS 来说具备以下几点优势：

- 死代码检测和排除。我们可以用静态分析工具检测出哪些模块没有被调用过。比如，在引入工具类库时，工程中往往只用到了其中一部分组件或接口，但有可能会将其代码完整地加载进来。未被调用到的模块代码永远不会被执行，也就成为了死代码。通过静态分析可以在打包时去掉这些未曾使用过的模块，以减小打包资源体积。
- 模块变量类型检查。JavaScript 属于动态类型语言，不会在代码执行前检查类型错误（比如对一个字符串类型的值进行函数调用）。ES6 Module 的静态模块结构有助于确保模块之间传递的值或接口类型是正确的。
- 编译器优化。在 CommonJS 等动态模块系统中，无论采用哪种方式，本质上导入的都是一个对象，而 ES6 Module 支持直接导入变量，减少了引用层级，程序效率更高。

2.3.2 值拷贝与动态映射

在导入一个模块时，对于 CommonJS 来说获取的是一份导出值的拷贝；而在 ES6 Module 中则是值的动态映射，并且这个映射是只读的。

上面的话直接理解起来可能比较困难，首先让我们来看一个例子，了解一下什么是

CommonJS 中的值拷贝。

```
// calculator.js
var count = 0;
module.exports = {
    count: count,
    add: function(a, b) {
        count += 1;
        return a + b;
    }
};

// index.js
var count = require('./calculator.js').count;
var add = require('./calculator.js').add;

console.log(count); // 0（这里的count是对 calculator.js 中 count 值的拷贝）
add(2, 3);
console.log(count); // 0（calculator.js中变量值的改变不会对这里的拷贝值造成影响）

count += 1;
console.log(count); // 1（拷贝的值可以更改）
```

index.js 中的 count 是对 calculator.js 中 count 的一份值拷贝，因此在调用 add 函数时，虽然更改了原本 calculator.js 中 count 的值，但是并不会对 index.js 中导入时创建的副本造成影响。

另一方面，在 CommonJS 中允许对导入的值进行更改。我们可以在 index.js 更改 count 和 add，将其赋予新值。同样，由于是值的拷贝，这些操作不会影响 calculator.js 本身。

下面我们使用 ES6 Module 将上面的例子进行改写：

```
// calculator.js
let count = 0;
const add = function(a, b) {
    count += 1;
    return a + b;
};
export { count, add };
```

```
// index.js
import { count, add } from './calculator.js';

console.log(count); // 0（对 calculator.js 中 count 值的映射）
add(2, 3);
console.log(count); // 1（实时反映calculator.js 中 count值的变化）

// count += 1; // 不可更改，会抛出SyntaxError: "count" is read-only
```

上面的例子展示了 ES6 Module 中导入的变量其实是对原有值的动态映射。index.js 中的 count 是对 calculator.js 中的 count 值的实时反映，当我们通过调用 add 函数更改了 calculator.js 中 count 值时，index.js 中 count 的值也随之变化。

我们不可以对 ES6 Module 导入的变量进行更改，可以将这种映射关系理解为一面镜子，从镜子里我们可以实时观察到原有的事物，但是并不可以操纵镜子中的影像。

2.3.3 循环依赖

循环依赖是指模块 A 依赖于模块 B，同时模块 B 依赖于模块 A。比如下面这个例子：

```
// a.js
import { foo } from './b.js';
foo();

// b.js
import { bar } from './a.js';
bar();
```

一般来说工程中应该尽量避免循环依赖的产生，因为从软件设计的角度来说，单向的依赖关系更加清晰，而循环依赖则会带来一定的复杂度。而在实际开发中，循环依赖有时会在我们不经意间产生，因为当工程的复杂度上升到足够规模时，就容易出现隐藏的循环依赖关系。

简单来说，A 和 B 两个模块之间是否存在直接的循环依赖关系是很容易被发现的。但实际情况往往是 A 依赖于 B，B 依赖于 C，C 依赖于 D，最后绕了一大圈，D 又依赖于 A。当中间模块太多时就很难发现 A 和 B 之间存在着隐式的循环依赖。

因此，如何处理循环依赖是开发者必须要面对的问题。我们首先看一下在 CommonJS 中循环依赖的例子。

```
// foo.js
const bar = require('./bar.js');
console.log('value of bar:', bar);
module.exports = 'This is foo.js';

// bar.js
const foo = require('./foo.js');
console.log('value of foo:', foo);
module.exports = 'This is bar.js';

// index.js
require('./foo.js');
```

在这里，index.js 是执行入口，它加载了 foo.js，foo.js 和 bar.js 之间存在循环依赖。让我们观察 foo.js 和 bar.js 中的代码，理想状态下我们希望二者都能导入正确的值，并在控制台上输出。

```
value of foo: This is foo.js
value of bar: This is bar.js
```

而当我们运行上面的代码时，实际输出却是：

```
value of foo: {}
value of bar: This is bar.js
```

为什么 foo 的值会是一个空对象呢？让我们从头梳理一下代码的实际执行顺序。

1）index.js 导入了 foo.js，此时开始执行 foo.js 中的代码。

2）foo.js 的第 1 句导入了 bar.js，这时 foo.js 不会继续向下执行，而是进入了 bar.js 内部。

3）在 bar.js 中又对 foo.js 进行了 require，这里产生了循环依赖。需要注意的是，执行权并不会再交回 foo.js，而是直接取其导出值，也就是 module.exports。但由于 foo.js 未执行完毕，导出值在这时为默认的空对象，因此当 bar.js 执行到打印语句时，我们看到控制台中的 value of foo 就是一个空对象。

4）bar.js 执行完毕，将执行权交回 foo.js。

5）foo.js 从 require 语句继续向下执行，在控制台打印出 value of bar（这个值是正确的），整个流程结束。

由上面可以看出，尽管循环依赖的模块均被执行了，但模块导入的值并不是我们想要的。因此在 CommonJS 中，若遇到循环依赖我们没有办法得到预想中的结果。

我们再从 Webpack 的实现角度来看，将上面例子打包后，bundle 中有这样一段代码非常重要：

```
// The require function
function __webpack_require__(moduleId) {
  if(installedModules[moduleId]) {
    return installedModules[moduleId].exports;
  }
  // Create a new module (and put it into the cache)
  var module = installedModules[moduleId] = {
    i: moduleId,
    l: false,
    exports: {}
  };
  ...
}
```

当 index.js 引用了 foo.js 之后，相当于执行了这个 __webpack_require__ 函数，初始化了一个 module 对象并放入 installedModules 中。当 bar.js 再次引用 foo.js 时，又执行了该函数，但这次是直接从 installedModules 里面取值，此时它的 module.exports 是一个空对象。这就解释了上面在第 3 步看到的现象。

接下来让我们使用 ES6 Module 的方式重写上面的例子。

```
// foo.js
import bar from './bar.js';
console.log('value of bar:', bar);
export default 'This is foo.js';

// bar.js
import foo from './foo.js';
```

```
console.log('value of foo:', foo);
export default 'This is bar.js';

// index.js
import foo from './foo.js';
```

执行结果如下：

```
value of foo: undefined
foo.js:3 value of bar: This is bar.js
```

很遗憾，在 bar.js 中同样无法得到 foo.js 正确的导出值，只不过和 CommonJS 默认导出一个空对象不同，这里获取到的是 undefined。

上面我们谈到，在导入一个模块时，CommonJS 获取到的是值的拷贝，ES6 Module 则是动态映射，那么我们能否利用 ES6 Module 的特性使其支持循环依赖呢？请看下面这个例子：

```
//index.js
import foo from './foo.js';
foo('index.js');

// foo.js
import bar from './bar.js';
function foo(invoker) {
    console.log(invoker + ' invokes foo.js');
    bar('foo.js');
}
export default foo;

// bar.js
import foo from './foo.js';
let invoked = false;
function bar(invoker) {
    if(!invoked) {
        invoked = true;
        console.log(invoker + ' invokes bar.js');
        foo('bar.js');
    }
}
export default bar;
```

上面代码的执行结果如下：

```
index.js invokes foo.js
foo.js invokes bar.js
bar.js invokes foo.js
```

可以看到，foo.js 和 bar.js 这一对循环依赖的模块均获取到了正确的导出值。下面让我们分析一下代码的执行过程。

1）index.js 作为入口导入了 foo.js，此时开始执行 foo.js 中的代码。

2）从 foo.js 导入了 bar.js，执行权交给 bar.js。

3）在 bar.js 中一直执行到其结束，完成 bar 函数的定义。注意，此时由于 foo.js 还没执行完，foo 的值现在仍然是 undefined。

4）执行权回到 foo.js 继续执行直到其结束，完成 foo 函数的定义。由于 ES6 Module 动态映射的特性，此时在 bar.js 中 foo 的值已经从 undefined 成为了我们定义的函数，这是与 CommonJS 在解决循环依赖时的本质区别，CommonJS 中导入的是值的拷贝，不会随着被夹在模块中原有值的变化而变化。

5）执行权回到 index.js 并调用 foo 函数，此时会依次执行 foo → bar → foo，并在控制台打出正确的值。

由上面的例子可以看出，ES6 Module 的特性使其可以更好地支持循环依赖，只是需要由开发者来保证当导入的值被使用时已经设置好正确的导出值。

2.4 加载其他类型模块

前面我们介绍的主要是 CommonJS 和 ES6 Module，除此之外在开发中还有可能遇到其他类型的模块。有些如 AMD、UMD 等标准目前使用的场景已经不多，但当遇到这类模块时仍然需要知道如何去处理。

2.4.1 非模块化文件

非模块化文件指的是并不遵循任何一种模块标准的文件。如果你维护的是一个几年前的项目，那么极有可能里面会有非模块化文件，最常见的就是在 script 标签中引入的 jQuery 及其各种插件。

如何使用 Webpack 打包这类文件呢？其实只要直接引入即可，如：

```
import './jquery.min.js';
```

这句代码会直接执行 jquery.min.js，一般来说 jQuery 这类库都是将其接口绑定在全局，因此无论是从 script 标签引入，还是使用 Webpack 打包的方式引入，其最终效果是一样的。

但假如我们引入的非模块化文件是以隐式全局变量声明的方式暴露其接口的，则会发生问题。如：

```
// 通过在顶层作用域声明变量的方式暴露接口
var calculator = {
    // ...
}
```

由于 Webpack 在打包时会为每一个文件包装一层函数作用域来避免全局污染，上面的代码将无法把 calculator 对象挂在全局，因此这种以隐式全局变量声明需要格外注意。

2.4.2　AMD

AMD 是英文 Asynchronous Module Definition（异步模块定义）的缩写，它是由 JavaScript 社区提出的专注于支持浏览器端模块化的标准。从名字就可以看出它与 CommonJS 和 ES6 Module 最大的区别在于它加载模块的方式是异步的。下面的例子展示了如何定义一个 AMD 模块。

```
define('getSum', ['calculator'], function(math) {
```

```
    return function(a, b) {
        console.log('sum: ' + calculator.add(a, b));
    }
});
```

在 AMD 中使用 define 函数来定义模块,它可以接受 3 个参数。第 1 个参数是当前模块的 id,相当于模块名;第 2 个参数是当前模块的依赖,比如上面我们定义的 getSum 模块需要引入 calculator 模块作为依赖;第 3 个参数用来描述模块的导出值,可以是函数或对象。如果是函数则导出的是函数的返回值;如果是对象则直接导出对象本身。

和 CommonJS 类似,AMD 也使用 require 函数来加载模块,只不过采用异步的形式。

```
require(['getSum'], function(getSum) {
    getSum(2, 3);
});
```

require 的第 1 个参数指定了加载的模块,第 2 个参数是当加载完成后执行的回调函数。

通过 AMD 这种形式定义模块的好处在于其模块加载是非阻塞性的,当执行到 require 函数时并不会停下来去执行被加载的模块,而是继续执行 require 后面的代码,这使得模块加载操作并不会阻塞浏览器。

尽管 AMD 的设计理念很好,但与同步加载的模块标准相比其语法要更加冗长。另外其异步加载的方式并不如同步显得清晰,并且容易造成回调地狱(callback hell)。在目前的实际应用中已经用得越来越少,大多数开发者还是会选择 CommonJS 或 ES6 Module 的形式。

2.4.3 UMD

我们已经介绍了很多的模块形式,CommonJS、ES6 Module、AMD 及非模块化文件,在很多时候工程中会用到其中两种形式甚至更多。有时对于一个库或者框架的开发者来说，如果面向的使用群体足够庞大，就需要考虑支持各种模块形式。

严格来说，UMD 并不能说是一种模块标准，不如说它是一组模块形式的集合更准确。UMD 的全称是 Universal Module Definition，也就是通用模块标准，它的目标是使一个模块能运行在各种环境下，不论是 CommonJS、AMD，还是非模块化的环境（当时 ES6 Module 还未被提出）。

请看下面的例子：

```
// calculator.js
(function (global, main) {
    // 根据当前环境采取不同的导出方式
    if (typeof define === 'function' && define.amd) {
        // AMD
        define(...);
    } else if (typeof exports === 'object') {
        // CommonJS
        module.exports = ...;
    } else {
        // 非模块化环境
        global.add = ...;
    }
}(this, function () {
    // 定义模块主体
    return {...}
}));
```

可以看出，UMD 其实就是根据当前全局对象中的值判断目前处于哪种模块环境。当前环境是 AMD，就以 AMD 的形式导出；当前环境是 CommonJS，就以 CommonJS 的形式导出。

需要注意的问题是，UMD 模块一般都最先判断 AMD 环境，也就是全局下是否有 define 函数，而通过 AMD 定义的模块是无法使用 CommonJS 或 ES6 Module 的形式正确引入的。在 Webpack 中，由于它同时支持 AMD 及 CommonJS，也许工程中的所有模块都是 CommonJS，而 UMD 标准却发现当前有 AMD 环境，并使用了 AMD 方式导出，这会使得模块导入时出错。当需要这样做时，我们可以更改 UMD 模块中判断的顺序，使其以 CommonJS 的形式导出即可。

2.4.4 加载 npm 模块

与 Java、C++、Python 等语言相比，JavaScript 是一个缺乏标准库的语言。当开发者需要解决 URL 处理、日期解析这类很常见的问题时，很多时候只能自己动手来封装工具接口。而 npm 提供了这样一种方式，可以让开发者在其平台上找到由他人所开发和发布的库，并安装到项目中，来快速地解决问题，这就是 npm 作为包管理器为开发者带来的便捷。

很多语言都有包管理器，比如 Java 的 Maven，Ruby 的 gem。目前，JavaScript 最主流的包管理器有两个——npm 和 yarn。两者的仓库是共通的，只是在使用上有所区别。截至目前，npm 平台上已经有几十万个模块（package，也可称之为包），并且这个数字每天都在增加，各种主流的框架类库都可以在 npm 平台上找到。作为开发者，每个人也都可以自己封装模块并上传到 npm，通过这种方式来与他人共享代码。

那么如何从我们的本地工程安装和加载一个外部的 npm 模块呢？首先我们需要初始化一个 npm 工程，并通过 npm 来获取模块。下面以 lodash 这个库为例：

```
# 项目初始化
npm init -y
# 安装 lodash
npm install lodash
```

执行了上面的命令之后，npm 会将 lodash 安装在工程的 node_modules 目录下，并将对该模块的依赖信息记录在 package.json 中。

在使用时，加载一个 npm 模块的方式很简单，只需要引入包的名字即可。

```
// index.js
import _ from 'lodash';
```

当 Webpack 在打包时解析到这条语句，就会自动去 node_modules 中寻找名为 lodash 的模块了，而不需要我们写出从源文件 index.js 到 node_modules 中 lodash 的路径。

现在我们知道，在导入一个 npm 模块时，只要写明它的名字就可以了。那么在实际打包的过程中具体加载的是 npm 模块中哪个 JS 文件呢？

每一个 npm 模块都有一个入口。当我们加载一个模块时，实际上就是加载该模块的入口文件。这个入口被维护在模块内部 package.json 文件的 main 字段中。

比如对于前面的 lodash 模块来说，它的 package.json 内容如下：

```
// ./node_modules/underscore/package.json
{
  "name": "lodash",
  ......
  "main": "lodash.js"
}
```

当加载该模块时，实际上加载的是 node_modules/lodash/lodash.js。

除了直接加载模块以外，我们也可以通过 <package_name>/<path> 的形式单独加载模块内部的某个 JS 文件。如：

```
import all from 'lodash/fp/all.js';
console.log('all', all);
```

这样，Webpack 最终只会打包 node_modules/lodash/fp/all.js 这个文件，而不会打包全部的 lodash 库，通过这种方式可以减小打包资源的体积。

2.5 模块打包原理

面对工程中成百上千个模块，Webpack 究竟是如何将它们有序地组织在一起，并按照我们预想的顺序运行在浏览器上的呢？下面我们将从原理上进行探究。

还是使用前面 calculator 的例子。

```
// index.js
const calculator = require('./calculator.js');
const sum = calculator.add(2, 3);
console.log('sum', sum);
```

```
// calculator.js
```

```
module.exports = {
    add: function(a, b) {
        return a + b;
    }
};
```

上面的代码经过 Webpack 打包后将会成为如下的形式（为了易读性这里只展示代码的大体结构）：

```
// 立即执行匿名函数
(function(modules) {
    //模块缓存
    var installedModules = {};
    // 实现require
    function __webpack_require__(moduleId) {
        ...
    }
    // 执行入口模块的加载
    return __webpack_require__(__webpack_require__.s = 0);
})({
    // modules: 以key-value的形式储存所有被打包的模块
    0: function(module, exports, __webpack_require__) {
        // 打包入口
        module.exports = __webpack_require__("3qiv");
    },
    "3qiv": function(module, exports, __webpack_require__) {
        // index.js内容
    },
    jkzz: function(module, exports) {
        // calculator.js 内容
    }
});
```

这是一个最简单的 Webpack 打包结果（bundle），但已经可以清晰地展示出它是如何将具有依赖关系的模块串联在一起的。上面的 bundle 分为以下几个部分：

- 最外层立即执行匿名函数。它用来包裹整个 bundle，并构成自身的作用域。
- installedModules 对象。每个模块只在第一次被加载的时候执行，之后其导出值就被存储到这个对象里面，当再次被加载的时候直接从这里取值，而不会重新执行。

- __webpack_require__ 函数。对模块加载的实现，在浏览器中可以通过调用 __webpack_require__(module_id) 来完成模块导入。
- modules 对象。工程中所有产生了依赖关系的模块都会以 key-value 的形式放在这里。key 可以理解为一个模块的 id，由数字或者一个很短的 hash 字符串构成；value 则是由一个匿名函数包裹的模块实体，匿名函数的参数则赋予了每个模块导出和导入的能力。

接下来让我们看看一个 bundle 是如何在浏览器中执行的。

1）在最外层的匿名函数中会初始化浏览器执行环境，包括定义 installedModules 对象、__webpack_require__ 函数等，为模块的加载和执行做一些准备工作。

2）加载入口模块。每个 bundle 都有且只有一个入口模块，在上面的示例中，index.js 是入口模块，在浏览器中会从它开始执行。

3）执行模块代码。如果执行到了 module.exports 则记录下模块的导出值；如果中间遇到 require 函数（准确地说是 __webpack_require__），则会暂时交出执行权，进入 __webpack_require__ 函数体内进行加载其他模块的逻辑。

4）在 __webpack_require__ 中会判断即将加载的模块是否存在于 installedModules 中。如果存在则直接取值，否则回到第 3 步，执行该模块的代码来获取导出值。

5）所有依赖的模块都已执行完毕，最后执行权又回到入口模块。当入口模块的代码执行到结尾，也就意味着整个 bundle 运行结束。

不难看出，第 3 步和第 4 步是一个递归的过程。Webpack 为每个模块创造了一个可以导出和导入模块的环境，但本质上并没有修改代码的执行逻辑，因此代码执行的顺序与模块加载的顺序是完全一致的，这就是 Webpack 模块打包的奥秘。

以上是对 Webpack 打包原理的简单介绍，随着本书学习的深入我们还会介绍更多 Webpack 的原理，从而使读者对它有更加深入的认识。

2.6 本章小结

本章我们介绍了 JavaScript 模块，包括主流模块标准的定义，以及在 Webpack 中是如何进行模块打包的。

CommonJS 和 ES6 Module 是目前使用较为广泛的模块标准。它们的主要区别在于前者建立模块依赖关系是在运行时，后者是在编译时；在模块导入方面，CommonJS 导入的是值拷贝，ES6 Module 导入的是只读的变量映射；ES6 Module 通过其静态特性可以进行编译过程中的优化，并且具备处理循环依赖的能力。

下一章我们将介绍资源的输入输出，包括资源的处理流程、Webpack 中 chunk、bundle 等概念，以及如何针对不同的场景配置打包的入口和出口。

第 3 章
资源输入输出

上一章我们介绍的 Webpack 打包模块，可以理解成类似于工厂中的产品组装，将一个个零部件拼起来得到最终的成品。本章则主要关注资源的输入和输出，即如何定义产品的原材料从哪里来，以及组装后的产品送到哪里去。

3.1 资源处理流程

在介绍具体的配置之前，让我们对 Webpack 中的资源处理流程有一个大体的了解。

在一切流程的最开始，我们需要指定一个或多个入口（entry），也就是告诉 Webpack 具体从源码目录下的哪个文件开始打包。如果把工程中各个模块的依赖关系当作一棵树，那么入口就是这棵依赖树的根，如图 3-1 所示。

这些存在依赖关系的模块会在打包时被封装为一个 chunk。本书后面的部分会经常提及 chunk，这里先让我们解释一下这个概念。

chunk 字面的意思是代码块，在 Webpack 中可以理解成被抽象和包装过后的一些模块。它就像一个装着很多文件的文件袋，里面的文件就是各个模块，Webpack 在外面加了一层包裹，从而形成了 chunk。根据具体配置不同，一个工程打包时可能会产生一个或多个 chunk。

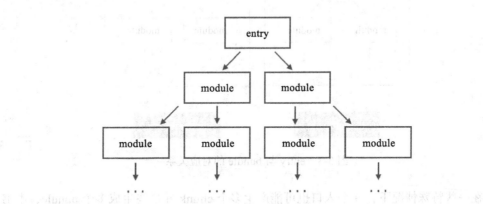

图 3-1 依赖关系树

从上面我们已经了解到，Webpack 会从入口文件开始检索，并将具有依赖关系的模块生成一棵依赖树，最终得到一个 chunk。由这个 chunk 得到的打包产物我们一般称之为 bundle。entry、chunk、bundle 的关系如图 3-2 所示。

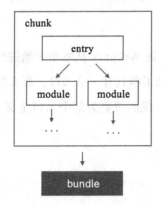

图 3-2 entry、chunk、bundle 的关系

在工程中可以定义多个入口，每一个入口都会产生一个结果资源。比如我们工程中有两个入口 src/index.js 和 src/lib.js，在一般情形下会打包生成 dist/index.js 和 dist/lib.js，因此可以说，entry 与 bundle 存在着对应关系，如图 3-3 所示。

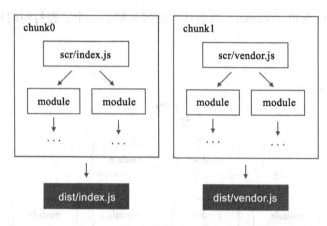

图 3-3　entry 与 bundle 的对应关系

在一些特殊情况下，一个入口也可能产生多个 chunk 并最终生成多个 bundle，本书后面的章节会对这些情况进行更深入的介绍。

3.2　配置资源入口

Webpack 通过 context 和 entry 这两个配置项来共同决定入口文件的路径。在配置入口时，实际上做了两件事：

- 确定入口模块位置，告诉 Webpack 从哪里开始进行打包。
- 定义 chunk name。如果工程只有一个入口，那么默认其 chunk name 为"main"；如果工程有多个入口，我们需要为每个入口定义 chunk name，来作为该 chunk 的唯一标识。

3.2.1　context

context 可以理解为资源入口的路径前缀，在配置时要求必须使用绝对路径的形式。请看下面两个例子：

```
// 以下两种配置达到的效果相同，入口都为 <工程根路径>/src/scripts/index.js
module.exports = {
```

```
    context: path.join(__dirname, './src'),
    entry: './scripts/index.js',
};
module.exports = {
    context: path.join(__dirname, './src/scripts'),
    entry: './index.js',
};
```

配置 context 的主要目的是让 entry 的编写更加简洁，尤其是在多入口的情况下。context 可以省略，默认值为当前工程的根目录。

3.2.2 entry

与 context 只能为字符串不同，entry 的配置可以有多种形式：字符串、数组、对象、函数。可以根据不同的需求场景来选择。

1. 字符串类型入口

直接传入文件路径：

```
module.exports = {
    entry: './src/index.js',
    output: {
        filename: 'bundle.js',
    },
    mode: 'development',
};
```

2. 数组类型入口

传入一个数组的作用是将多个资源预先合并，在打包时 Webpack 会将数组中的最后一个元素作为实际的入口路径。如：

```
module.exports = {
    entry: ['babel-polyfill', './src/index.js'],
};
```

上面的配置等同于：

```
// webpack.config.js
module.exports = {
    entry: './src/index.js',
};

// index.js
import 'babel-polyfill';
```

3. 对象类型入口

如果想要定义多入口，则必须使用对象的形式。对象的属性名（key）是 chunk name，属性值（value）是入口路径。如：

```
module.exports = {
    entry: {
        // chunk name为index，入口路径为./src/index.js
        index: './src/index.js',
        // chunk name为lib，入口路径为./src/lib.js
        lib: './src/lib.js',
    },
};
```

对象的属性值也可以为字符串或数组。如：

```
module.exports = {
    entry: {
        index: ['babel-polyfill', './src/index.js'],
        lib: './src/lib.js',
    },
};
```

在使用字符串或数组定义单入口时，并没有办法更改 chunk name，只能为默认的"main"。在使用对象来定义多入口时，则必须为每一个入口定义 chunk name。

4. 函数类型入口

用函数定义入口时，只要返回上面介绍的任何配置形式即可，如：

```
// 返回一个字符串型的入口
module.exports = {
```

```
    entry: () => './src/index.js',
};

// 返回一个对象型的入口
module.exports = {
    entry: () => ({
        index: ['babel-polyfill', './src/index.js'],
        lib: './src/lib.js',
    }),
};
```

传入一个函数的优点在于我们可以在函数体里添加一些动态的逻辑来获取工程的入口。另外，函数也支持返回一个 Promise 对象来进行异步操作。

```
module.exports = {
    entry: () => new Promise((resolve) => {
        // 模拟异步操作
        setTimeout(() => {
            resolve('./src/index.js');
        }, 1000);
    }),
};
```

3.2.3 实例

1. 单页应用

对于单页应用（SPA）来说，一般定义单一入口即可。

```
module.exports = {
    entry: './src/app.js',
};
```

无论是框架、库，还是各个页面的模块，都由 app.js 单一的入口进行引用。这样做的好处是只会产生一个 JS 文件，依赖关系清晰。而这种做法也有弊端，即所有模块都打包到一起，当应用的规模上升到一定程度之后会导致产生的资源体积过大，降低用户的页面渲染速度。

在 Webpack 默认配置中，当一个 bundle 大于 250kB 时（压缩前）会认为这个

bundle 已经过大了，在打包时会发生警告，如图 3-4 所示。

```
> webpack
Hash: 8997cb382d1714dbb8e0
Version: webpack 3.10.0
Time: 461ms
    Asset    Size  Chunks                    Chunk Names
bundle.js  254 kB       0  [emitted]  [big]  main
   [0] ./app.js 126 kB {0} [built]
   [1] ./writeContent.js 81 bytes {0} [built]
```

图 3-4　大于 250kB 的资源会有 [big] 提示

2. 提取 vendor

试想一下，假如工程只产生一个 JS 文件并且它的体积很大，一旦产生代码更新，即便只有一点点改动，用户都要重新下载整个资源文件，这对于页面的性能是非常不友好的。

为了解决这个问题，我们可以使用提取 vendor 的方法。vendor 的意思是"供应商"，在 Webpack 中 vendor 一般指的是工程所使用的库、框架等第三方模块集中打包而产生的 bundle。请看下面这个例子：

```
module.exports = {
    context: path.join(__dirname, './src'),
    entry: {
        app: './src/app.js',
        vendor: ['react', 'react-dom', 'react-router'],
    },
};
```

在上面的配置中，app.js 仍然和最开始一样，其内容也不需要做任何改变。只是我们添加了一个新的 chunk name 为 vendor 的入口，并通过数组的形式把工程所依赖的第三方模块放了进去。

那么问题来了，我们并没有为 vendor 设置入口路径，Webpack 要如何打包呢？这时我们可以使用 CommonsChunkPlugin（在 Webpack 4 之后 CommonsChunkPlugin 已被废弃，可以采用 optimization.splitChunks，具体参考第 6 章内容），将 app 与 vendor 这两个 chunk 中的公共模块提取出来。通过这样的配置，app.js 产生的 bundle 将只包含业务模块，其依赖的第三方模块将会被抽取出来生成一个新的 bundle，这也就达到了我们提取 vendor 的目标。由于 vendor 仅仅包含第三方模块，这部分不会经常变动，因此可以有效地利用客户端缓存，在用户后续请求页面时会加快整体的渲染速度。

3. 多页应用

对于多页应用的场景，为了尽可能减小资源的体积，我们希望每个页面都只加载各自必要的逻辑，而不是将所有页面打包到同一个 bundle 中。因此每个页面都需要有一个独立的 bundle，这种情形我们使用多入口来实现。请看下面的例子：

```
module.exports = {
    entry: {
        pageA: './src/pageA.js',
        pageB: './src/pageB.js',
        pageC: './src/pageC.js',
    },
};
```

在上面的配置中，入口与页面是一一对应的关系，这样每个 HTML 只要引入各自的 JS 就可以加载其所需要的模块。

另外，对于多页应用的场景，我们同样可以使用提取 vendor 的方法，将各个页面之间的公共模块进行打包。如：

```
module.exports = {
    entry: {
        pageA: './src/pageA.js',
        pageB: './src/pageB.js',
        pageC: './src/pageC.js',
        vendor: ['react', 'react-dom'],
    },
};
```

可以看到，我们将 react 和 react-dom 打包进了 vendor，之后再配置 optimization.splitChunks，将它们从各个页面中提取出来，生成单独的 bundle 即可。

3.3 配置资源出口

接着我们来看资源输出相关的配置，所有与出口相关的配置都集中在 output 对象里。请看下面的例子：

```
const path = require('path');
module.exports = {
    entry: './src/app.js',
    output: {
        filename: 'bundle.js',
        path: path.join(__dirname, 'assets'),
        publicPath: '/dist/',
    },
};
```

output 对象里可以包含数十个配置项，其中的大多数在日常开发中使用频率都不高，我们这里只介绍几个常用的，基本可以覆盖大多数场景。

3.3.1 filename

顾名思义，filename 的作用是控制输出资源的文件名，其形式为字符串，如：

```
module.exports = {
    entry: './src/app.js',
    output: {
        filename: 'bundle.js',
    },
};
```

使用上面的配置打包的结果如图 3-5 所示。

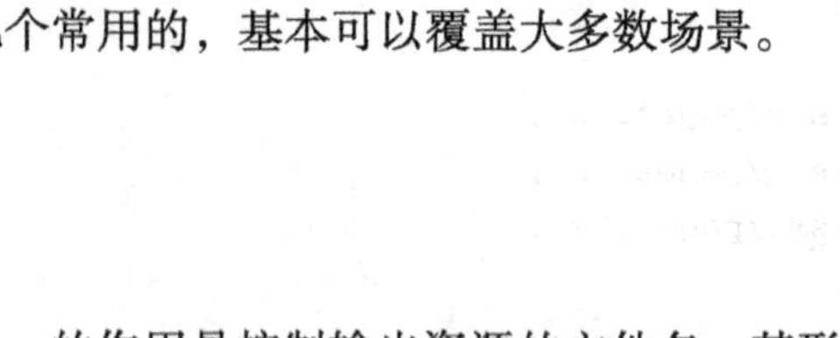

图 3-5 生成 bundle.js

filename 可以不仅仅是 bundle 的名字，还可以是一个相对路径，即便路径中的目录不存在也没关系，Webpack 会在输出资源时创建该目录。请看下面的例子：

```
module.exports = {
    entry: './src/app.js',
    output: {
        filename: './js/bundle.js',
    },
};
```

打包结果如图 3-6 所示。

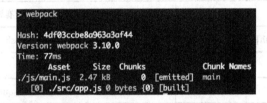

图 3-6　Webpack 生成了 ./js 目录

在多入口的场景中，我们需要为对应产生的每个 bundle 指定不同的名字，Webpack 支持使用一种类似模板语言的形式动态地生成文件名，如：

```
module.exports = {
    entry: {
        app: './src/app.js',
        vendor: './src/vendor.js',
    },
    output: {
        filename: '[name].js',
    },
};
```

在资源输出时，上面配置的 filename 中的 [name] 会被替换为 chunk name，因此最后项目中实际生成的资源是 vendor.js 与 app.js，如图 3-7 所示。

除了 [name] 可以指代 chunk name 以外，还有其他几种模板变量可以用于 filename 的配置中，如表 3-1 所示。

```
> webpack
Hash: 86645c60ecb3beada2c3
Version: webpack 3.10.0
Time: 84ms
    Asset     Size  Chunks             Chunk Names
vendor.js  2.48 kB       0  [emitted]  vendor
   app.js  2.47 kB       1  [emitted]  app
  [0] ./src/app.js 0 bytes {1} [built]
  [1] ./src/vendor.js 0 bytes {0} [built]
```

图 3-7 通过 chunk name 动态指定资源名

表 3-1 filename 配置项模板变量

变量名称	功能描述
[hash]	指代 Webpack 此次打包所有资源生成的 hash
[chunkhash]	指代当前 chunk 内容的 hash
[id]	指代当前 chunk 的 id
[query]	指代 filename 配置项中的 query

上述变量一般有如下两种作用：

- 当有多个 chunk 存在时对不同的 chunk 进行区分。如 [name]、[chunkhash] 和 [id]，它们对于每个 chunk 来说都是不同的。
- 控制客户端缓存。表中的 [hash] 和 [chunkhash] 都与 chunk 内容直接相关，在 filename 中使用了这些变量后，当 chunk 的内容改变时，可以同时引起资源文件名的更改，从而使用户在下一次请求资源文件时会立即下载新的版本而不会使用本地缓存。[query] 也可以起到类似的效果，只不过它与 chunk 内容无关，要由开发者手动指定。

在实际工程中，我们使用比较多的是 [name]，它与 chunk 是一一对应的关系，并且可读性较高。如果要控制客户端缓存，最好还要加上 [chunkhash]，因为每个 chunk 所产生的 [chunkhash] 只与自身内容有关，单个 chunk 内容的改变不会影响其他资源，可以最精确地让客户端缓存得到更新。

让我们看以下的例子：

```
module.exports = {
    entry: {
        app: './src/app.js',
        vendor: './src/vendor.js',
    },
    output: {
        filename: '[name]@[chunkhash].js',
    },
};
```

打包结果如图 3-8 所示。

```
> webpack
Hash: 472a30321eaf83986bf1
Version: webpack 3.10.0
Time: 90ms
                             Asset     Size  Chunks             Chunk Names
vendor@0ddfa5cbcda706e95372.js  2.48 kB       0  [emitted]  vendor
   app@16564b228aff8699aeab.js  2.49 kB       1  [emitted]  app
   [0] ./src/app.js 16 bytes {1} [built]
   [1] ./src/vendor.js 0 bytes {0} [built]
```

图 3-8 使用了 [name] 和 [chunkhash] 的 filename 配置

> **注意** 更新缓存一般只用在生产环境的配置下，在开发环境中可以不必配置 [chunkhash]，详见第 7 章介绍分离配置文件的部分。

3.3.2 path

path 可以指定资源输出的位置，要求值必须为绝对路径。如：

```
const path = require('path');
module.exports = {
    entry: './src/app.js',
    output: {
        filename: 'bundle.js',
        path: path.join(__dirname, 'dist'),
    },
};
```

上述配置将资源输出位置设置为工程的 dist 目录。在 Webpack 4 以前的版本中，打包资源默认会生成在工程根目录，因此我们需要上述配置；而在 Webpack 4 之后，output.path 已经默认为 dist 目录，除非我们需要更改它，否则不必单独配置。

3.3.3 publicPath

publicPath 是一个非常重要的配置项，并且容易与 path 相混淆。从功能上来说，path 用来指定资源的输出位置，而 publicPath 则用来指定资源的请求位置。让我们详细解释这两个定义。

- 输出位置：打包完成后资源产生的目录，一般将其指定为工程中的 dist 目录。
- 请求位置：由 JS 或 CSS 所请求的间接资源路径。页面中的资源分为两种，一种是由 HTML 页面直接请求的，比如通过 script 标签加载的 JS；另一种是由 JS 或 CSS 请求的，如异步加载的 JS、从 CSS 请求的图片字体等。publicPath 的作用就是指定这部分间接资源的请求位置。

publicPath 有 3 种形式，下面我们逐一进行介绍。

1. HTML 相关

与 HTML 相关，也就是说我们可以将 publicPath 指定为 HTML 的相对路径，在请求这些资源时会以当前页面 HTML 所在路径加上相对路径，构成实际请求的 URL。如：

```
// 假设当前HTML地址为 https://example.com/app/index.html
// 异步加载的资源名为 0.chunk.js
publicPath: "" // 实际路径https://example.com/app/0.chunk.js
publicPath: "./js" // 实际路径https://example.com/app/js/0.chunk.js
publicPath: "../assets/" // 实际路径https://example.com/aseets/0.chunk.js
```

 这里不需要过多关注如何异步加载 JS，后面章节会进行详细介绍。

2. Host 相关

若 publicPath 的值以 "/" 开始,则代表此时 publicPath 是以当前页面的 host name 为基础路径的。如:

```
// 假设当前HTML地址为 https://example.com/app/index.html
// 异步加载的资源名为 0.chunk.js
publicPath: "/" // 实际路径https://example.com/0.chunk.js
publicPath: "/js/" // 实际路径https://example.com/js/0.chunk.js
publicPath: "/dist/" // 实际路径https://example.com/dist/0.chunk.js
```

3. CDN 相关

上面两种配置都是相对路径,我们也可以使用绝对路径的形式配置 publicPath。这种情况一般发生于静态资源放在 CDN 上面时,由于其域名与当前页面域名不一致,需要以绝对路径的形式进行指定。当 publicPath 以协议头或相对协议的形式开始时,代表当前路径是 CDN 相关。如:

```
// 假设当前页面路径为 https://example.com/app/index.html
// 异步加载的资源名为 0.chunk.js
publicPath: "http://cdn.com/" // 实际路径http://cdn.com/0.chunk.js
publicPath: "https://cdn.com/" // 实际路径https://cdn.com/0.chunk.js
publicPath: "//cdn.com/assets/" 实际路径 //cdn.com/assets/0.chunk.js
```

webpack-dev-server 的配置中也有一个 publicPath,值得注意的是,这个 publicPath 与 Webpack 中的配置项含义不同,它的作用是指定 webpack-dev-server 的静态资源服务路径。请看下面的例子:

```
const path = require('path');
module.exports = {
    entry: './src/app.js',
    output: {
        filename: 'bundle.js',
        path: path.join(__dirname, 'dist'),
    },
    devServer: {
        publicPath: '/assets/',
        port: 3000,
    },
};
```

从上面可以看到，Webpack 配置中 output.path 为 dist 目录，因此 bundle.js 应该生成在 dist 目录。但是当我们启动 webpack-dev-server 的服务后，访问 localhost:3000/dist/bundle.js 时却会得到 404。这是因为 devServer.publicPath 配置项将资源位置指向了 localhost:3000/assets/，因此只有访问 localhost:3000/assets/bundle.js 才能得到我们想要的结果。

为了避免开发环境和生产环境产生不一致而造成开发者的疑惑，我们可以将 webpack-dev-server 的 publicPath 与 Webpack 中的 output.path 保持一致，这样在任何环境下资源输出的目录都是相同的。请看下面的例子：

```js
const path = require('path');
module.exports = {
    entry: './src/app.js',
    output: {
        filename: 'bundle.js',
        path: path.join(__dirname, 'dist'),
    },
    devServer: {
        publicPath: '/dist/',
        port: 3000,
    },
};
```

上面的配置可以保证访问 localhost:3000/dist/bundle.js 时得到预期的结果。

3.3.4　实例

1. 单入口

对于单入口的场景来说，通常不必设置动态的 output.filename，直接指定输出的文件名即可。下面是一个简单的例子：

```js
const path = require('path');
module.exports = {
    entry: './src/app.js',
    output: {
        filename: 'bundle.js',
```

```
    },
    devServer: {
        publicPath: '/dist/',
    },
};
```

上面是通常情况下的配置。工程的源码目录为 src，资源的输出目录为 dist（Webpack 4 以后已经默认）。此时我们还不需要配置 output.publicPath，但是对于 webpack-dev-server 来说需要为其指定资源的服务路径，因此我们设置了 devServer.publicPath 为 /dist/。

2. 多入口

在多入口的场景下，必然会需要模板变量来配置 filename。请看下面的例子：

```
const path = require('path');
module.exports = {
    entry: {
        pageA: './src/pageA.js',
        pageB: './src/pageB.js',
    },
    output: {
        filename: '[name].js',
    },
    devServer: {
        publicPath: '/dist/',
    },
};
```

我们通过 output.filename 中 [name] 变量指代 chunk name，使最终生成的资源为 pageA.js 和 pageB.js。如果是生产环境下的配置，还可以把 [name].js 改为 [name]@[chunkhash].js。

3.4 本章小结

本章我们介绍了资源的输入输出流程，以及相关的配置项 context、entry、output。

在配置打包入口时，context 相当于路径前缀，entry 是入口文件路径。单入口的

chunk name 不可更改，多入口的话则必须为每一个 chunk 指定 chunk name。

当第三方依赖较多时，我们可以用提取 vendor 的方法将这些模块打包到一个单独的 bundle 中，以更有效地利用客户端缓存，加快页面渲染速度。

path 和 publicPath 的区别在于 path 指定的是资源的输出位置，而 publicPath 指定的是间接资源的请求位置。

下一章我们会介绍 Webpack "一切皆模块"的思想，以及预处理器 loader 的使用。可以说，是 loader 赋予了 Webpack 无尽的想象力。

第 4 章 Chapter 4

预处理器

到目前为止我们探讨的都是如何打包 JavaScript，对于工程中其他类型的资源，如 HTML、CSS、模板、图片、字体等，Webpack 会如何处理呢？在日常开发中经常会预编译代码，比如使用 Babel 来转译 ECMAScript 新版本中的特性，使用 SCSS 或者 Less 来编写样式等。如何让 Webpack 来对所有的预编译进行统一管理呢？

在本章我们会介绍预处理器（loader），它赋予了 Webpack 可处理不同资源类型的能力，极大丰富了其可扩展性。本章包含以下几方面内容：

- Webpack "一切皆模块"的思想与 loader 的概念；
- loader 的原理；
- 如何引入一个 loader；
- 常用 loader 介绍；
- 如何编写一个 loader。

4.1 一切皆模块

一个 Web 工程通常会包含 HTML、JS、CSS、模板、图片、字体等多种类型的静态资源,并且这些资源之间都存在着某种联系。比如,JS 文件之间有互相依赖的关系,在 CSS 中可能会引用图片和字体等。对于 Webpack 来说,所有这些静态资源都是模块,我们可以像加载一个 JS 文件一样去加载它们,如在 index.js 中加载 style.css:

```
// index.js
import './style.css';
```

对于刚开始接触 Webpack 的人来说,可能会认为这个特性很神奇,甚至会觉得不解:从 JS 中加载 CSS 文件具有怎样的意义呢?从结果来看,其实和之前并没有什么差别,这个 style.css 可以被打包并生成在输出资源目录下,对 index.js 文件也不会产生实质性的影响。这句引用的实际意义是描述了 JS 文件与 CSS 文件之间的依赖关系。

假设有这样一个场景,项目中的某个页面使用到了一个日历组件,我们很自然地需要将它加载进来,如:

```
// ./page/home/index.js
import Calendar from './ui/calendar/index.js';
```

但是加载了其 JS 文件还不够,我们仍然需要引入 calendar 组件的样式。比如下面的代码(以 SCSS 为例):

```
// ./page/home/style.scss
@import './ui/calendar/style.scss';
```

而实际上,通过 Webpack 我们可以采用一种更简洁的方式来表达这种依赖关系。

```
// ./ui/calendar/index.js
import './style.scss'; // 引用组件自身样式
...

// ./page/home/index.js
import Calendar from './ui/calendar/index.js';
import './style.scss'; // 引用页面自身样式
```

可以看到,在 calendar 的 JS 中加载了其组件自身的样式,而对于页面来说只要加载 calendar/index.js 即可(以及页面自身的样式),不需要额外引入组件的样式。让我们以关系图的方式来表示这种变化,如图 4-1 所示。

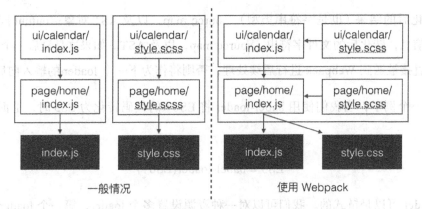

图 4-1 使用 Webpack 前后依赖关系图对比

左边是 JS 和样式分开处理的情况，我们需要分别维护组件 JS 和 SCSS 加载，每当我们添加或者删除一个组件的时候，都要进行两次操作：引入 JS、引入 SCSS 或者删除 JS、删除 SCSS；图 4-1 右边是使用 Webpack 将 SCSS 通过 JS 来引入的情况，可以看到，组件的 JS 和 SCSS 作为一个整体被页面引入进来，这样就更加清晰地描述了资源之间的关系。当移除这个组件时，也只要移除对于组件 JS 的引用即可。人为的工作总难免出错，而让 Webpack 维护模块间的关系可以使工程结构更加直观，代码的可维护性更强。

另外，我们知道，模块是具有高内聚性及可复用性的结构，通过 Webpack "一切皆模块"的思想，我们可以将模块的这些特性应用到每一种静态资源上面，从而设计和实现出更加健壮的系统。

4.2 loader 概述

每个 loader 本质上都是一个函数。在 Webpack 4 之前，函数的输入和输出都必须为字符串；在 Webpack 4 之后，loader 也同时支持抽象语法树（AST）的传递，通过这种方法来减少重复的代码解析。用公式表达 loader 的本质则为以下形式：

$$output = loader(input)$$

这里的 input 可能是工程源文件的字符串，也可能是上一个 loader 转化后的结果，包括转化后的结果（也是字符串类型）、source map，以及 AST 对象；output 同样包含这几种信息，转化后的文件字符串、source map，以及 AST。如果这是最后一个 loader，结果将直接被送到 Webpack 进行后续处理，否则将作为下一个 loader 的输入向后传递。

举一个例子，当我们使用 babel-loader 将 ES6+ 的代码转化为 ES5 时，上面的公式如下：

$$ES5 = babel\text{-}loader(ES6+)$$

loader 可以是链式的。我们可以对一种资源设置多个 loader，第一个 loader 的输入是文件源码，之后所有 loader 的输入都为上一个 loader 的输出。用公式表达则为以下形式：

$$output = loaderA(loaderB(loaderC(input)))$$

如在工程中编译 SCSS 时，我们可能需要如下 loader：

$$Style\ 标签 = style\text{-}loader(css\text{-}loader(sass\text{-}loader(SCSS)))$$

为了更好地阐释 loader 是如何工作的，下面来看一下 loader 的源码结构：

```
module.exports = function loader (content, map, meta) {
    var callback = this.async();
    var result = handler(content, map, meta);
    callback(
        null,            // error
        result.content,  // 转换后的内容
        result.map,      // 转换后的 source-map
        result.meta      // 转换后的 AST
    );
};
```

从上面代码可以看出，loader 本身就是一个函数，在该函数中对接收到的内容进行转换，然后返回转换后的结果（可能包含 source map 和 AST 对象）。

4.3 loader 的配置

上面我们介绍的只是抽象理论层面的东西，在应用层面上要如何具体实施呢？首先我们要面临的问题是静态资源的类型是各式各样的，如何让 Webpack 处理这么多种类型的资源呢？此时就要借助 loader 了。

loader 的字面意思是装载器，在 Webpack 中它的实际功能则更像是预处理器。Webpack 本身只认识 JavaScript，对于其他类型的资源必须预先定义一个或多个 loader 对其进行转译，输出为 Webpack 能够接收的形式再继续进行，因此 loader 做的实际上是一个预处理的工作。

4.3.1 loader 的引入

下面我们来看如何引入 loader。

假设我们要处理 CSS，首先依照 Webpack "一切皆模块" 的思想，从一个 JS 文件加载一个 CSS 文件。如：

```
// app.js
import './style.css';

// style.css
body {
    text-align: center;
    padding: 100px;
    color: #fff;
    background-color: #09c;
}
```

此时工程中还没有任何 loader，如果直接打包会看到报错提示，如图 4-2 所示。

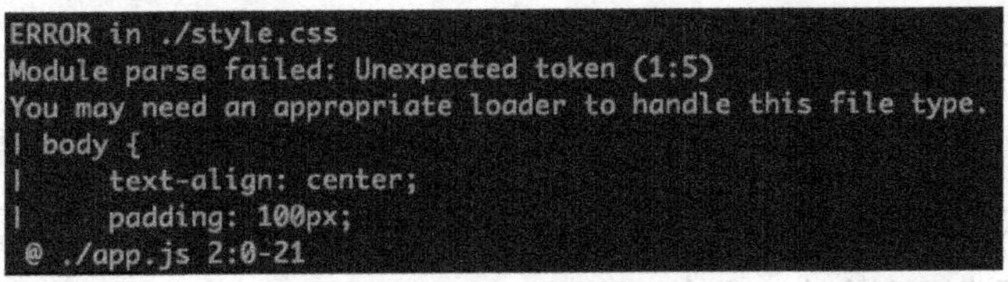

```
ERROR in ./style.css
Module parse failed: Unexpected token (1:5)
You may need an appropriate loader to handle this file type.
| body {
|     text-align: center;
|     padding: 100px;
@ ./app.js 2:0-21
```

图 4-2 引入 CSS 后发生错误

Webpack 无法处理 CSS 语法，因此抛出了一个错误，并提示需要使用一个合适的 loader 来处理这种文件。

下面我们把 css-loader 加到工程中。loader 都是一些第三方 npm 模块，Webpack 本身并不包含任何 loader，因此使用 loader 的第一步就是先从 npm 安装它。在工程目录下执行命令：

```
npm install css-loader
```

接下来我们将 loader 引入工程中，具体配置如下：

```
module.exports = {
    // ...
    module: {
        rules: [{
            test: /\.css$/,
            use: ['css-loader'],
        }],
    },
};
```

与 loader 相关的配置都在 module 对象中，其中 module.rules 代表了模块的处理规则。每条规则内部可以包含很多配置项，这里我们只使用了最重要的两项——test 和 use。

- test 可接收一个正则表达式或者一个元素为正则表达式的数组，只有正则匹配上的模块才会使用这条规则。在本例中以 /\.css$/ 来匹配所有以 .css 结尾的文件。
- use 可接收一个数组，数组包含该规则所使用的 loader。在本例中只配置了一个 css-loader，在只有一个 loader 时也可以简化为字符串 "css-loader"。

此时我们再进行打包，之前的错误应该已经消失了，但是 CSS 的样式仍然没有在页面上生效。这是因为 css-loader 的作用仅仅是处理 CSS 的各种加载语法（@import 和 url() 函数等），如果要使样式起作用还需要 style-loader 来把样式插入页面。css-loader 与 style-loader 通常是配合在一起使用的。

4.3.2 链式 loader

很多时候，在处理某一类资源时我们都需要使用多个 loader。如，对于 SCSS 类型的资源来说，我们需要 sass-loader 来处理其语法，并将其编译为 CSS；接着再用 css-loader 处理 CSS 的各类加载语法；最后使用 style-loader 来将样式字符串包装成 style 标签插入页面。

为了引入 style-loader，首先还是使用 npm 安装。

```
npm install style-loader
```

接着之前的配置，更改 rules 中的规则。

```
module.exports = {
    // ...
    module: {
        rules: [
            {
                test: /\.css$/,
                use: ['style-loader', 'css-loader'],
            }
        ],
    },
};
```

我们把 style-loader 加到了 css-loader 前面，这是因为在 Webpack 打包时是按照数组从后往前的顺序将资源交给 loader 处理的，因此要把最后生效的放在前面。

此时再进行打包，样式就会生效了，应该会看到页面中插入了一个 style 标签，包含了 CSS 文件的样式，这样我们就完成了从 JS 文件加载 CSS 文件的配置。

4.3.3 loader options

loader 作为预处理器通常会给开发者提供一些配置项，在引入 loader 的时候可以通过 options 将它们传入。如：

```
rules: [
    {
        test: /\.css$/,
        use: [
            'style-loader',
            {
                loader: 'css-loader',
                options: {
                    // css-loader 配置项
                },
            }
        ],
    },
],
```

有些 loader 可能会使用 query 来代替 options，从功能来说它们并没有太大的区别，具体参阅 loader 本身的文档。

4.3.4 更多配置

下面介绍其他场景下 loader 的相关配置。

1. exclude 与 include

exclude 与 include 是用来排除或包含指定目录下的模块，可接收正则表达式或者字符串（文件绝对路径），以及由它们组成的数组。请看下面的例子：

```
rules: [
    {
        test: /\.css$/,
        use: ['style-loader', 'css-loader'],
        exclude: /node_modules/,
    }
],
```

上面 exclude 的含义是，所有被正则匹配到的模块都排除在该规则之外，也就是说 node_modules 中的模块不会执行这条规则。该配置项通常是必加的，否则可能拖慢整体的打包速度。

举个例子，在项目中我们经常会使用 babel-loader（后面章节会介绍）来处理 ES6+ 语言特性，但是对于 node_modules 中的 JS 文件来说，很多都是已经编译为 ES5 的，因此没有必要再使用 babel-loader 来进行额外处理。

除 exclude 外，使用 include 配置也可以达到类似的效果。请看下面的例子：

```
rules: [
    {
        test: /\.css$/,
        use: ['style-loader', 'css-loader'],
        include: /src/,
    }
],
```

include 代表该规则只对正则匹配到的模块生效。假如我们将 include 设置为工程的源码目录，自然而然就将 node_modules 等目录排除掉了。

exclude 和 include 同时存在时，exclude 的优先级更高。请看下面的例子：

```
rules: [
    {
        test: /\.css$/,
        use: ['style-loader', 'css-loader'],
        exclude: /node_modules/,
        include: /node_modules\/awesome-ui/,
    }
],
```

此时，node_modules 已经被排除了，但是假如我们想要让该规则对 node_modules 中的某一个模块生效，即便加上 include 也是无法覆盖 exclude 配置的。要实现这样的需求我们可以更改 exclude 中的正则。

```
rules: [
    {
        test: /\.css$/,
        use: ['style-loader', 'css-loader'],
        // 排除node_modules中除了foo和bar以外的所有模块
        exclude: /node_modules\/(?!(foo|bar)\/).*/,
    }
],
```

另外，由于 exclude 优先级更高，我们可以对 include 中的子目录进行排除。请看下面的例子：

```
rules: [
    {
        test: /\.css$/,
        use: ['style-loader', 'css-loader'],
        exclude: /src\/lib/,
        include: /src/,
    }
],
```

通过 include，我们将该规则配置为仅对 src 目录生效，但是仍然可以通过 exclude 排除其中的 src/lib 目录。

2. resource 与 issuer

resource 与 issuer 可用于更加精确地确定模块规则的作用范围。请看下面的例子：

```
// index.js
import './style.css';
```

在 Webpack 中，我们认为被加载模块是 resource，而加载者是 issuer。如上面的例子中，resource 为 /path/of/app/style.css，issuer 是 /path/of/app/index.js。

前面介绍的 test、exclude、include 本质上属于对 resource 也就是被加载者的配置，如果想要对 issuer 加载者也增加条件限制，则要额外写一些配置。比如，如果我们只想让 /src/pages 目录下的 JS 可以引用 CSS，应该如何设置呢？请看下面的例子：

```
rules: [
    {
        test: /\.css$/,
        use: ['style-loader', 'css-loader'],
        exclude: /node_modules/,
        issuer: {
            test: /\.js$/,
            include: /src/pages/,
        },
    }
],
```

可以看到，我们添加了 issuer 配置对象，其形式与之前对 resource 条件的配置并无太大差异。但只有 /src/pages/ 目录下面的 JS 文件引用 CSS 文件，这条规则才会生效；如果不是 JS 文件引用的 CSS（比如 JSX 文件），或者是别的目录的 JS 文件引用 CSS，则规则不会生效。

上面的配置虽然实现了我们的需求，但是 test、exclude、include 这些配置项分布于不同的层级上，可读性较差。事实上我们还可以将它改为另一种等价的形式。

```
rules: [
    {
        use: ['style-loader', 'css-loader'],
        resource: {
            test: /\.css$/,
            exclude: /node_modules/,
        },
        issuer: {
            test: /\.js$/,
            exclude: /node_modules/,
        },
    },
],
```

通过添加 resource 对象来将外层的配置包起来，区分了 resource 和 issuer 中的规则，这样就一目了然了。上面的配置与把 resource 的配置写在外层在本质上是一样的，然而这两种形式无法并存，只能选择一种风格进行配置。

3. enforce

enforce 用来指定一个 loader 的种类，只接收 "pre" 或 "post" 两种字符串类型的值。

Webpack 中的 loader 按照执行顺序可分为 pre、inline、normal、post 四种类型，上面我们直接定义的 loader 都属于 normal 类型，inline 形式官方已经不推荐使用，而 pre 和 post 则需要使用 enforce 来指定。请看下面的例子：

```
rules: [
    {
```

```
        test: /\.js$/,
        enforce: 'pre',
        use: 'eslint-loader',
    }
],
```

可以看到,在配置中添加了一个 eslint-loader 来对源码进行质量检测,其 enforce 的值为 "pre",代表它将在所有正常 loader 之前执行,这样可以保证其检测的代码不是被其他 loader 更改过的。类似的,如果某一个 loader 是需要在所有 loader 之后执行的,我们也可以指定其 enforce 为 "post"。

事实上,我们也可以不使用 enforce 而只要保证 loader 顺序是正确的即可。配置 enforce 主要的目的是使模块规则更加清晰,可读性更强,尤其是在实际工程中,配置文件可能达到上百行的情况,难以保证各个 loader 都按照预想的方式工作,使用 enforce 可以强制指定 loader 的作用顺序。

4.4 常用 loader 介绍

在使用 Webpack 的过程中经常会遇到以下这样的问题:

- 对于 XX 资源应该使用哪个 loader?
- 要实现 XX 功能应该使用哪个 loader?

本节会根据常用程度介绍一些社区中主流的 loader,但这并不是全部,因为每时每刻都可能有新的 loader 发布到 npm 上(这也是 Webpack 社区强大的体现)。希望通过以下介绍,读者不仅能了解这些 loader 的用法,更重要的是了解 loader 能做什么,这样在遇到问题时首先可以判断出能否使用 loader 来解决,进而寻找相应的 loader 或采取其他方案。

4.4.1 babel-loader

babel-loader 用来处理 ES6+ 并将其编译为 ES5,它使我们能够在工程中使用最新的语言特性(甚至还在提案中),同时不必特别关注这些特性在不同平台的兼容问题。

在安装时推荐使用以下命令：

```
npm install babel-loader @babel/core @babel/preset-env
```

各个模块的作用如下。

- babel-loader：它是使 Babel 与 Webpack 协同工作的模块。
- @babel/core：顾名思义，它是 Babel 编译器的核心模块。
- @babel/preset-env：它是 Babel 官方推荐的预置器，可根据用户设置的目标环境自动添加所需的插件和补丁来编译 ES6+ 代码。

在配置 babel-loader 时有一些需要注意的地方。请看下面的例子：

```
rules: [
  {
    test: /\.js$/,
    exclude: /node_modules/,
    use: {
      loader: 'babel-loader',
      options: {
        cacheDirectory: true,
        presets: [[
          'env', {
            modules: false,
          }
        ]],
      },
    },
  }
],
```

1）由于 babel-loader 通常属于对所有 JS 后缀文件设置的规则，所以需要在 exclude 中添加 node_modules，否则会令 babel-loader 编译其中所有的模块，这将严重拖慢打包的速度，并且有可能改变第三方模块的原有行为。

2）对于 babel-loader 本身我们添加了 cacheDirectory 配置项，它会启用缓存机制，在重复打包未改变过的模块时防止二次编译，同样也会加快打包的速度。cacheDirectory 可以接收一个字符串类型的路径来作为缓存路径，这个值也可以为 true，此时其缓存目录会指向 node_modules/.cache/babel-loader。

3）由于 @babel/preset-env 会将 ES6 Module 转化为 CommonJS 的形式，这会导致 Webpack 中的 tree-shaking 特性失效（关于 tree-shaking 会在第 8 章详细介绍）。将 @babel/preset-env 的 modules 配置项设置为 false 会禁用模块语句的转化，而将 ES6 Module 的语法交给 Webpack 本身处理。

babel-loader 支持从 .babelrc 文件读取 Babel 配置，因此可以将 presets 和 plugins 从 Webpack 配置文件中提取出来，也能达到相同的效果。

4.4.2 ts-loader

ts-loader 与 babel-loader 的性质类似，它是用于连接 Webpack 与 Typescript 的模块。可使用以下命令进行安装：

```
npm install ts-loader typescript
```

Webpack 配置如下：

```
rules: [
    {
        test: /\.ts$/,
        use: 'ts-loader',
    }
],
```

需要注意的是，Typescript 本身的配置并不在 ts-loader 中，而是必须要放在工程目录下的 tsconfig.json 中。如：

```
{
    "compilerOptions": {
        "target": "es5",
        "sourceMap": true,
    },
},
```

通过 Typescript 和 ts-loader，我们可以实现代码类型检查。更多配置请参考 tsloader

文档：https://github.com/TypeStrong/ts-loader。

4.4.3　html-loader

html-loader 用于将 HTML 文件转化为字符串并进行格式化，这使得我们可以把一个 HTML 片段通过 JS 加载进来。

安装命令如下：

```
npm install html-loader
```

Webpack 配置如下：

```
rules: [
    {
        test: /\.html$/,
        use: 'html-loader',
    }
],
```

使用示例如下：

```
// header.html
<header>
    <h1>This is a Header.</h1>
</header>

// index.js
import headerHtml from './header.html';
document.write(headerHtml);
```

header.html 将会转化为字符串，并通过 document.write 插入页面中。

4.4.4　handlebars-loader

handlebars-loader 用于处理 handlebars 模板，在安装时要额外安装 handlebars。

安装命令如下：

```
npm install handlebars-loader handlebars
```

Webpack 配置如下：

```
rules: [
    {
        test: /\.handlebars$/,
        use: 'handlebars-loader',
    }
],
```

使用示例如下：

```
// content.handlebars
<div class="entry">
    <h1>{{ title }}</h1>
    <div class="body">{{ body }}</div>
</div>

// index.js
import contentTemplate from './content.handlebars';
const div = document.createElement('div');
div.innerHTML = contentTemplate({
    title: "Title",
    body: "Your books are due next Tuesday"
});
document.body.appendChild(div);
```

handlebars 文件加载后得到的是一个函数，可以接收一个变量对象并返回最终的字符串。

4.4.5　file-loader

file-loader 用于打包文件类型的资源，并返回其 publicPath。

安装命令如下：

```
npm install file-loader
```

Webpack 配置如下：

```
const path = require('path');
module.exports = {
    entry: './app.js',
    output: {
        path: path.join(__dirname, 'dist'),
        filename: 'bundle.js',
    },
    module: {
        rules: [
            {
                test: /\.(png|jpg|gif)$/,
                use: 'file-loader',
            }
        ],
    },
};
```

上面我们对 png、jpg、gif 这类图片资源使用 file-loader，然后就可以在 JS 中加载图片了。

```
import avatarImage from './avatar.jpg';
console.log(avatarImage); // c6f482ac9a1905e1d7d22caa909371fc.jpg
```

第 3 章介绍过，output.path 是资源的打包输出路径，output.publicPath 是资源引用路径（具体可以翻阅前文内容）。使用 Webpack 打包完成后，dist 目录下会生成名为 c6f482ac9a1905e1d7d22caa909371fc.jpg 的图片文件。由于配置中并没有指定 output.publicPath，因此这里打印出的图片路径只是文件名，默认为文件的 hash 值加上文件后缀。

让我们观察下添加了 output.publicPath 之后的情况。请看下面的例子：

```
const path = require('path');
module.exports = {
    entry: './app.js',
    output: {
        path: path.join(__dirname, 'dist'),
        filename: 'bundle.js',
        publicPath: './assets/',
    },
    module: {
        rules: [
```

```
        {
            test: /\.(png|jpg|gif)$/,
            use: 'file-loader',
        }
    ],
  },
};
```

此时图片路径会成为如下形式：

```
import avatarImage from './avatar.jpg';
console.log(avatarImage); // ./assets/c6f482ac9a1905e1d7d22caa909371fc.jpg
```

file-loader 也支持配置文件名以及 publicPath（这里的 publicPath 会覆盖原有的 output.publicPath），通过 loader 的 options 传入。

```
rules: [
    {
        test: /\.(png|jpg|gif)$/,
        use: {
            loader: 'file-loader',
            options: {
                name: '[name].[ext]',
                publicPath: './another-path/',
            },
        },
    }
],
```

上面的配置会使图片路径成为如下形式：

```
import avatarImage from './avatar.jpg';
console.log(avatarImage); // ./another-path/avatar.jpg
```

可以看到，file-loader 中 options.publicPath 覆盖了 Webpack 配置的 publicPath，因此图片路径为 ./another-path/avatar.jpg。

4.4.6 url-loader

url-loader 与 file-loader 作用类似，唯一的不同在于用户可以设置一个文件大小的阈值，当大于该阈值时与 file-loader 一样返回 publicPath，而小于该阈值时则返回文件 base64 形式编码。

安装命令如下：

```
npm install url-loader
```

Webpack 配置如下：

```
rules: [
    {
        test: /\.(png|jpg|gif)$/,
        use: {
            loader: 'url-loader',
            options: {
                limit: 10240,
                name: '[name].[ext]',
                publicPath: './assets-path/',
            },
        },
    }
],
```

url-loader 可接收与 file-loader 相同的参数，如 name 和 publicPath 等，同时也可以接收一个 limit 参数。使用示例如下：

```
import avatarImage from './avatar.jpg';
console.log(avatarImage); // data:image/jpeg;base64,/9j/2wCEAAgGBg……
```

由于图片小于 limit，因此经过 url-loader 转化后得到的是 base64 形式的编码。

4.4.7　vue-loader

vue-loader 用于处理 vue 组件，类似以下形式：

```
// App.vue
<template>
    <h1>{{ title }}</h1>
</template>
<script>
```

```
export default {
    name: 'app',
    data() {
        return { title: 'Welcome to Your Vue.js App' }
    }
}
</script>
<style lang="css">
h1 {
    color: #09c;
}
</style>
```

vue-loader 可以将组件的模板、JS 及样式进行拆分。在安装时，除了必要的 vue 与 vue-loader 以外，还要安装 vue-template-compiler 来编译 Vue 模板，以及 css-loader 来处理样式（如果使用 SCSS 或 LESS 则仍需要对应的 loader）。安装命令如下：

```
npm install vue-loader vue vue-template-compiler css-loader
```

Webpack 配置如下：

```
rules: [
    {
        test: /\.vue$/,
        use: 'vue-loader',
    }
],
```

vue-loader 支持更多高级配置，这里不再详述，感兴趣的读者可参阅文档 https://vue-loader.vuejs.org/zh-cn。

4.5 自定义 loader

1. loader 初始化

有时会遇到现有 loader 无法很好满足需求的情况，这时就需要我们对其进行修改，或者编写新的 loader。如前面代码所演示的一样，loader 本身其实非常简单，下面让我们从头实现一个 loader，并介绍 Webpack 提供了哪些特性和支持。

我们将实现一个 loader，它会为所有 JS 文件启用严格模式，也就是说它会在文件头部加上如下代码：

```
'use strict';
```

在开发一个 loader 时，我们可以借助 npm/yarn 的软链功能进行本地调试（当然之后可以考虑发布到 npm 等）。下面让我们初始化这个 loader 并配置到工程中。

创建一个 force-strict-loader 目录，然后在该目录下执行 npm 初始化命令。

```
npm init -y
```

接着创建 index.js，也就是 loader 的主体。

```
module.exports = function(content) {
    var useStrictPrefix = '\'use strict\';\n\n';
    return useStrictPrefix + content;
}
```

现在我们可以在 Webpack 工程中安装并使用这个 loader 了。

```
npm install <path-to-loader>/force-strict-loader
```

在 Webpack 工程目录下使用相对路径安装，会在项目的 node_modules 中创建一个指向实际 force-strict-loader 目录的软链，也就是说之后我们可以随时修改 loader 源码并且不需要重复安装了。

下面修改 Webpack 配置。

```
module: {
    rules: [
        {
            test: /\.js$/,
            use: 'force-strict-loader'
        }
    ]
}
```

我们将这个 loader 设置为对所有 JS 文件生效。此时对该工程进行打包，应该可以看到 JS 文件的头部都已经加上了启用严格模式的语句。

2. 启用缓存

当文件输入和其依赖没有发生变化时，应该让 loader 直接使用缓存，而不是重复进行转换的工作。在 Webpack 中可以使用 this.cacheable 进行控制，修改我们的 loader。

```
// force-strict-loader/index.js
module.exports = function(content) {
    if (this.cacheable) {
        this.cacheable();
    }
    var useStrictPrefix = '\'use strict\';\n\n';
    return useStrictPrefix + content;
}
```

通过启用缓存可以加快 Webpack 打包速度，并且可保证相同的输入产生相同的输出。

3. 获取 options

前文讲过，loader 的配置项通过 use.options 传进来，如：

```
rules: [
    {
        test: /\.js$/,
        use: {
            loader: 'force-strict-loader',
            options: {
                sourceMap: true,
            },
        },
    }
],
```

上面我们为 force-strict-loader 传入了一个配置项 sourceMap，接下来我们要在 loader 中获取它。首先需要安装一个依赖库 loader-utils，它主要用于提供一些帮助函数。在 force-strict-loader 目录下执行以下命令：

```
npm install loader-utils
```

接着更改 loader。

```
// force-strict-loader/index.js
var loaderUtils = require("loader-utils");
module.exports = function(content) {
    if (this.cacheable) {
        this.cacheable();
    }
    // 获取和打印 options
    var options = loaderUtils.getOptions(this) || {};
    console.log('options', options);
    // 处理 content
    var useStrictPrefix = '\'use strict\';\n\n';
    return useStrictPrefix + content;
}
```

通过 loaderUtils.getOptions 可以获取到配置对象，这里我们只是把它打印了出来。下面我们来看如何实现一个 source-map 功能。

4. source-map

source-map 可以便于实际开发者在浏览器控制台查看源码。如果没有对 source-map 进行处理，最终也就无法生成正确的 map 文件，在浏览器的 dev tool 中可能就会看到错乱的源码。

下面是支持了 source-map 特性后的版本：

```
// force-strict-loader/index.js
var loaderUtils = require("loader-utils");
var SourceNode = require("source-map").SourceNode;
var SourceMapConsumer = require("source-map").SourceMapConsumer;
module.exports = function(content, sourceMap) {
    var useStrictPrefix = '\'use strict\';\n\n';
    if (this.cacheable) {
        this.cacheable();
    }
```

```
// source-map
var options = loaderUtils.getOptions(this) || {};
if (options.sourceMap && sourceMap) {
    var currentRequest = loaderUtils.getCurrentRequest(this);
    var node = SourceNode.fromStringWithSourceMap(
        content,
        new SourceMapConsumer(sourceMap)
    );
    node.prepend(useStrictPrefix);
    var result = node.toStringWithSourceMap({ file: currentRequest });
    var callback = this.async();
    callback(null, result.code, result.map.toJSON());
}
// 不支持source-map情况
return useStrictPrefix + content;
}
```

首先，在 loader 函数的参数中我们获取到 sourceMap 对象，这是由 Webpack 或者上一个 loader 传递下来的，只有当它存在时我们的 loader 才能进行继续处理和向下传递。

之后我们通过 source-map 这个库来对 map 进行操作，包括接收和消费之前的文件内容和 source-map，对内容节点进行修改，最后产生新的 source-map。

在函数返回的时候要使用 this.async 获取 callback 函数（主要是为了一次性返回多个值）。callback 函数的 3 个参数分别是抛出的错误、处理后的源码，以及 source-map。

以上介绍了自定义 loader 的基本形式，更多 API 可以查阅 Webpack 官方文档 https://doc.webpack-china.org/api/loaders/。

4.6 本章小结

本章主要介绍了 Webpack 中 "一切皆模块" 的思想及 loader 的概念和配置。

loader 就像 Webpack 的翻译官。Webpack 本身只能接受 JavaScript，为了使其能够处理其他类型的资源，必须使用 loader 将资源转译为 Webpack 能够理解的形式。

在配置 loader 时，实际上定义的是模块规则（module.rules），它主要关注两件事：该规则对哪些模块生效（test、exclude、include 配置），使用哪些 loader（use 配置）。loader 可以是链式的，并且每一个都允许拥有自己的配置项。

loader 本质上是一个函数。第一个 loader 的输入是源文件，之后所有 loader 的输入是上一个 loader 的输出，最后一个 loader 则直接输出给 Webpack。

Chapter 5

第 5 章

样式处理

除了 JavaScript 以外，在打包方面另一个重要的工作就是样式处理。在具有一定规模的工程中，由于手工维护 CSS 成本过于高昂，我们可能会需要更智能的方案来解决浏览器兼容性问题，更优雅地处理组件间的样式隔离，甚至是借助一些更强大的语言特性来实现各种各样的需求。本章将主要介绍如何使用 Webpack 结合各种样式的编译器、转换器以及插件来提升开发效率。

本章将包含以下几方面的内容：

❑ 如何使用 Webpack 打包样式；
❑ 样式相关 loader；
❑ 如何分离样式文件；
❑ 组件化样式。

5.1 分离样式文件

让我们从最简单的情况说起——处理工程中的纯 CSS。上一章介绍 loader 的时候我们提到过 style-loader 与 css-loader，通过 JS 引用 CSS 的方式打包样式，可以更清晰地描述模块间的依赖关系。

然而，当时还有一个问题没有解决，我们是通过附加 style 标签的方式引入样式的，那么如何输出单独的 CSS 文件呢？一般来说，在生产环境下，我们希望样式存在于 CSS 文件中而不是 style 标签中，因为文件更有利于客户端进行缓存。Webpack 社区有专门的插件：extract-text-webpack-plugin（适用于 Webpack 4 之前版本）和 mini-css-extract-plugin（适用于 Webpack 4 及以上版本），它们就是专门用于提取样式到 CSS 文件的。

5.1.1 extract-text-webpack-plugin

我们先通过一个简单的例子来直观认识该插件是如何工作的。使用 npm 安装：

```
npm install extract-text-webpack-plugin
```

在 webpack.config.js 中引入：

```
const ExtractTextPlugin = require('extract-text-webpack-plugin');
module.exports = {
    entry: './app.js',
    output: {
        filename: 'bundle.js',
    },
    mode: 'development',
    module: {
        rules: [
            {
                test: /\.css$/,
                use: ExtractTextPlugin.extract({
                    fallback: 'style-loader',
                    use: 'css-loader',
                }),
            }
        ],
    },
    plugins: [
        new ExtractTextPlugin("bundle.css")
    ],
};
```

在 module.rules 中我们设置了处理 CSS 文件的规则,其中的 use 字段并没有直接传入 loader,而是使用了插件的 extract 方法包了一层。内部的 fallback 属性用于指定当插件无法提取样式时所采用的 loader(目前还接触不到这种场景,后面会介绍),use(extract 方法里面的)用于指定在提取样式之前采用哪些 loader 来预先进行处理。除此之外,还要在 Webpack 的 plugins 配置中添加该插件,并传入提取后的资源文件名。

这应该是本书中第一次使用 Webpack 的 plugins 配置,这里做一个简要介绍。plugins 用于接收一个插件数组,我们可以使用 Webpack 内部提供的一些插件,也可以加载外部插件。Webpack 为插件提供了各种 API,使其可以在打包的各个环节中添加一些额外任务,就像 extract-text-webpack-plugin 所实现的样式提取一样。随着更多插件的介绍,我们会逐渐深入了解 Webpack 的插件机制。

下面让我们测试一下 extract-text-webpack-plugin 的效果。在工程目录下分别创建 index.js 和 style.css:

```
// index.js
import './style.css';
document.write('My Webpack app');

/* style.css */
body {
    display: flex;
    align-items: center;
    justify-content: center;
    text-align: center;
}
```

打包结果如图 5-1 所示。

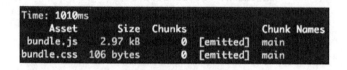

图 5-1　打包结果

可以看到 Asset 中增加了 bundle.css,正是我们在插件中指定的文件名。

5.1.2 多样式文件的处理

样式的提取是以资源入口开始的整个 chunk 为单位的（重温一下 chunk 的概念：chunk 是对一组有依赖关系的模块的封装）。假设我们的应用从 index.js 开始一层层引入了几百个模块，也许其中很多模块都引入了各自的样式，但是最终只会生成一个 CSS 文件，因为它们都来自同一个入口模块。

上面我们将 bundle.css 作为文件名传给了 extract-text-webpack-plugin，但当工程有多个入口时就会发生重名问题。就像在前面的章节中我们配置动态的 output.filename 一样，这里我们也要对插件提取的 CSS 文件使用类似模板的命名方式。

请看下面的例子：

```
// ./src/scripts/foo.js
import '../styles/foo-style.css';
document.write('foo.js');

// ./src/scripts/bar.js
import '../styles/bar-style.css';
document.write('bar.js');

/* ./src/styles/foo-style.css */
body { background-color: #eee; }

/* ./src/styles/bar-style.css */
body { color: #09c; }
```

假设我们有 foo.js 和 bar.js，并且它们分别引用了 foo-style.css 和 bar-style.css，现在我们要通过配置使它们输出各自的 CSS 文件。请看下面的配置：

```
// webpack.config.js
const ExtractTextPlugin = require('extract-text-webpack-plugin');

module.exports = {
    entry: {
        foo: './src/scripts/foo.js',
        bar: './src/scripts/bar.js',
    },
    output: {
```

```
            filename: '[name].js',
    },
    mode: 'development',
    module: {
        rules: [
            {
                test: /\.css$/,
                use: ExtractTextPlugin.extract({
                    fallback: 'style-loader',
                    use: 'css-loader',
                }),
            }
        ],
    },
    plugins: [
        new ExtractTextPlugin('[name].css')
    ],
};
```

我们使用了 [name].css 来动态生成 CSS 为文件名。那么问题来了，这里的 [name] 指代的是谁的名字呢？是引用者的文件名（foo.js、bar.js），还是 CSS 的文件名（foo-style.css、bar-style.css）？

答案是二者都不是，这里的 [name] 和在 output.filename 中的意义一样，都是指代 chunk 的名字，即 entry 中我们为每一个入口分配的名字（foo、bar）。我们可以来验证一下打包结果，如图 5-2 所示。

```
Time: 1000ms
    Asset      Size  Chunks             Chunk Names
   foo.js   3.01 kB       0  [emitted]  foo
   bar.js   3.03 kB       1  [emitted]  bar
  foo.css  87 bytes       0  [emitted]  foo
  bar.css 133 bytes       1  [emitted]  bar
```

图 5-2 动态生成的 CSS 文件名

从上面可以看出，实际情况和我们的预想相符，[name] 指代的是 chunk 的名字，Asset 与 Chunk Names 是相对应的。

5.1.3 mini-css-extract-plugin

mini-css-extract-plugin 可以理解成 extract-text-webpack-plugin 的升级版，它拥有更丰富的特性和更好的性能，从 Webpack 4 开始官方推荐使用该插件进行样式提取（Webpack 4 以前的版本是用不了的）。

说到 mini-css-extract-plugin 的特性，最重要的就是它支持按需加载 CSS，以前在使用 extract-text-webpack-plugin 的时候我们是做不到这一点的。举个例子，a.js 通过 import() 函数异步加载了 b.js，b.js 里面加载了 style.css，那么 style.css 最终只能被同步加载（通过 HTML 的 link 标签）。但是现在 mini-css-extract-plugin 会单独打包出一个 0.css（假设使用默认配置），这个 CSS 文件将由 a.js 通过动态插入 link 标签的方式加载。

请看下面的例子：

```
// app.js
import './style.css';
import('./next-page');
document.write('app.js<br/>');

// next-page.js
import './next-page.css';
document.write('Next page.<br/>');

/* style.css */
body { background-color: #eee; }

/* next-page.css */
body { background-color: #999; }

// webpack.config.js
const MiniCssExtractPlugin = require('mini-css-extract-plugin');
module.exports = {
  entry: './app.js',
  output: {
    filename: '[name].js',
  },
  mode: 'development',
  module: {
    rules: [{
      test: /\.css$/,
```

```
    use: [
      {
        loader: MiniCssExtractPlugin.loader,
        options: {
          publicPath: '../',
        },
      },
      'css-loader'
    ],
  }],
},
plugins: [
  new MiniCssExtractPlugin({
    filename: '[name].css',
    chunkFilename: '[id].css',
  })
]
};
```

在配置上 mini-css-extract-plugin 与 extract-text-webpack-plugin 有以下几点不同：

- loader 规则设置的形式不同，并且 mini-css-extract-plugin 支持配置 publicPath，用来指定异步 CSS 的加载路径。
- 不需要设置 fallback。
- 在 plugins 设置中，除了指定同步加载的 CSS 资源名（filename），还要指定异步加载的 CSS 资源名（chunkFilename）。

我们来看一下上面例子的实际运行情况。如图 5-3 所示。

Name	Status	Type	Initiator
index.html	200	document	Other
main.css	200	stylesheet	index.html
main.js	200	script	index.html
0.css	200	stylesheet	main.js:118
0.js	200	script	main.js:172

图 5-3　异步加载 CSS

总体来说，mini-css-extract-plugin 还是与 extract-text-webpack-plugin 十分相似的，关于它更高级的用法请参阅其官方文档 https://github.com/webpack-contrib/mini-css-extract-plugin。

5.2 样式预处理

样式预处理指的是在开发中我们经常会使用一些样式预编译语言，如 SCSS、Less 等，在项目打包过程中再将这些预编译语言转换为 CSS。借助这些语言强大和便捷的特性，可以降低项目的开发和维护成本。下面我们介绍目前最主流的两种预编译语言是如何配置的。

5.2.1 Sass 与 SCSS

Sass 本身是对 CSS 的语法增强，它有两种语法，现在使用更多的是 SCSS（对 CSS3 的扩充版本）。所以你会发现，在安装和配置 loader 时都是 sass-loader，而实际的文件后缀是 .scss。

sass-loader 就是将 SCSS 语法编译为 CSS，因此在使用时通常还要搭配 css-loader 和 style-loader。类似于我们装 babel-loader 时还要安装 babel-core，loader 本身只是编译核心库与 Webpack 的连接器，因此这里我们除了 sass-loader 以外还要安装 node-sass，node-sass 是真正用来编译 SCSS 的，而 sass-loader 只是起到黏合的作用。

安装命令如下：

```
npm install sass-loader node-sass
```

安装 node-sass 时需要下载一个系统相关的二进制包，这个二进制包通常下载较慢，甚至有可能超时，因此通常我们会为其设置一个 cnpm 的镜像地址。可使用如下命令：

```
npm config set sass_binary_site=https://npm.taobao.org/mirrors/node-sass/
```

此时再运行上面安装 node-sass 的命令，速度应该会快很多。

接着我们来添加处理 SCSS 文件的 Webpack 配置。

```
module: {
    rules: [
        {
```

```
            test: /\.scss$/,
            use: ['style-loader', 'css-loader', 'sass-loader'],
        }
    ],
},
```

现在让我们写一段 SCSS 并从 JS 引入。

```
// style.scss
$primary-color: #09c;
.container {
    .title {
        color: $primary-color;
    }
}

// index.js
import './style.scss';
```

运行 Webpack 打包，它将会被编译为以下形式：

```
.container .title {
    color: #09c;
}
```

值得一提的是，假如我们想要在浏览器的调试工具里查看源码，需要分别为 sass-loader 和 css-loader 单独添加 source map 的配置项。

```
module: {
    rules: [
        {
            test: /\.scss$/,
            use: [
                'style-loader',
                {
                    loader: 'css-loader',
                    options: {
                        sourceMap: true,
                    },
                }, {
                    loader: 'sass-loader',
                    options: {
                        sourceMap: true,
```

```
                },
            }
        ],
        }
    ],
},
```

5.2.2 Less

Less 同样是对 CSS 的一种扩展。与 SCSS 类似，它也需要安装 loader 和其本身的编译模块。安装命令如下：

```
npm install less-loader less
```

在配置上也与 SCSS 十分类似。

```
module: {
    rules: [
        {
            test: /\.less/,
            use: [
                'style-loader',
                {
                    loader: 'css-loader',
                    options: {
                        sourceMap: true,
                    },
                }, {
                    loader: 'less-loader',
                    options: {
                        sourceMap: true,
                    },
                }
            ],
        }
    ],
},
```

同样让我们写一段 Less 并使用 JS 引入。

```
// style.less
```

```
@primary-color: #09c;
.container {
    .title {
        color: @primary-color;
    }
}

// index.js
import './style.less';
```

它将会被编译为以下形式：

```
.container .title {
    color: #09c;
}
```

Less 支持多种编译过程中的配置，我们可以直接通过 loader 的 options 将这些配置传入（注意使用驼峰命名法命名），具体的配置请参考其官方文档 http://lesscss.org/usage/#less-options。

5.3 PostCSS

严格说来，PostCSS 并不能算是一个 CSS 的预编译器，它只是一个编译插件的容器。它的工作模式是接收样式源代码并交由编译插件处理，最后输出 CSS。开发者可以自己指定使用哪些插件来实现特定的功能。下面会介绍几个常见的 PostCSS 使用案例，通过这些例子我们可以更好地了解它能做哪些事情及应该如何配置。

5.3.1 PostCSS 与 Webpack

使用 postcss-loader 可以轻松地将 PostCSS 与 Webpack 连接起来。使用 npm 进行安装。

```
npm install postcss-loader
```

配置起来也很简单。

```
module: {
    rules: [
        {
            test: /\.css/,
            use: [
                'style-loader',
                'css-loader',
                'postcss-loader',
            ],
        }
    ],
},
```

postcss-loader 可以结合 css-loader 使用，也可以单独使用，也就是说不配置 css-loader 也可以达到相同的效果。唯一不同的是，单独使用 postcss-loader 时不建议使用 CSS 中的 @import 语句，否则会产生冗余代码，因此官方推荐还是将 postcss-loader 放在 css-loader 之后使用。

除此之外，PostCSS 要求必须有一个单独的配置文件。在最初的版本中，其配置是可以通过 loader 来传入的，而在 Webpack 2 对配置添加了更严格的限制之后，PostCSS 不再支持从 loader 传入。因此我们需要在项目的根目录下创建一个 postcss.config.js。目前我们还没有添加任何特性，因此暂时返回一个空对象即可。

```
// postcss.config.js
module.exports = {};
```

此时，我们只是配置了 postcss-loader，但还没有发挥其真正的效用。下面我们来看看使用 PostCSS 可以做哪些有趣的事情。

5.3.2 自动前缀

PostCSS 一个最广泛的应用场景就是与 Autoprefixer 结合，为 CSS 自动添加厂商前缀。Autoprefixer 是一个样式工具，可以根据 caniuse.com 上的数据，自动决定是否要为某一特性添加厂商前缀，并且可以由开发者为其指定支持浏览器的范围。

使用 npm 安装。

```
npm install autoprefixer
```

在 postcss.config.js 中添加 autoprefixer。

```
const autoprefixer = require('autoprefixer');
module.exports = {
    plugins: [
        autoprefixer({
            grid: true,
            browsers: [
                '> 1%',
                'last 3 versions',
                'android 4.2',
                'ie 8',
            ],
        })
    ],
};
```

我们可以在 autoprefixer 中添加需要支持的特性（如 grid）以及兼容哪些浏览器（browsers）。配置好之后，我们就可以使用一些较新的 CSS 特性。如：

```
.container {
    display: grid;
}
```

由于我们指定了 grid:true，也就是为 grid 特性添加 IE 前缀，经过编译后则会成为：

```
.container {
    display: -ms-grid;
    display: grid;
}
```

5.3.3　stylelint

stylelint 是一个 CSS 的质量检测工具，就像 eslint 一样，我们可以为其添加各种规则，来统一项目的代码风格，确保代码质量。

使用 npm 安装。

```
npm install stylelint
```

在 postcss.config.js 中添加相应配置。

```
const stylelint = require('stylelint');
module.exports = {
    plugins: [
        stylelint({
            config: {
                rules: {
                    'declaration-no-important': true,
                },
            },
        })
    ],
};
```

这里我们添加了 declaration-no-important 这样一条规则，当我们的代码中出现了 "!important" 时就会给出警告。比如下面的代码：

```
body {
    color: #09c!important;
}
```

执行打包时会在控制台输出警告信息，如图 5-4 所示。

```
Time: 3976ms
      Asset     Size  Chunks            Chunk Names
  bundle.js  19.1 kB       0  [emitted]  main
   [0] ./app.js 62 bytes {0} [built]
   [1] ./style.css 1.14 kB {0} [built]
   [2] ./node_modules/css-loader!./node_modules/postcss-loader/lib/!./style.css 197 bytes {0} [built] [
1 warning]
    + 3 hidden modules

WARNING in ./node_modules/css-loader!./node_modules/postcss-loader/lib/!./style.css
(Emitted value instead of an instance of Error) stylelint: /Users/roscoe/Desktop/pro/webpack-examples/
04-handle-styles-postcss-stylelint/style.css:2:17: Unexpected !important (declaration-no-important)
 @ ./style.css 4:14-116
 @ ./app.js
```

图 5-4　警告信息

使用 stylelint 可以检测出代码中的样式问题（语法错误、重复的属性等），帮助我们写出更加安全并且风格更加一致的代码。

5.3.4 CSSNext

PostCSS 可以与 CSSNext 结合使用,让我们在应用中使用最新的 CSS 语法特性。

使用 npm 安装。

```
npm install postcss-cssnext
```

在 postcss.config.js 中添加相应配置。

```
const postcssCssnext = require('postcss-cssnext');
module.exports = {
    plugins: [
        postcssCssnext({
            // 指定所支持的浏览器
            browsers: [
                '> 1%',
                'last 2 versions',
            ],
        })
    ],
};
```

指定好需要支持的浏览器之后,我们就可以顺畅地使用 CSSNext 的特性了。PostCSS 会帮我们把 CSSNext 的语法翻译为浏览器能接受的属性和形式。比如下面的代码:

```
/* style.css */
:root {
    --highlightColor: hwb(190, 35%, 20%);
}
body {
    color: var(--highlightColor);
}
```

打包后的结果如下:

```
body {
    color: rgb(89, 185, 204);
}
```

5.4 CSS Modules

CSS Modules 是近年来比较流行的一种开发模式,其理念就是把 CSS 模块化,让 CSS 也拥有模块的特点,具体如下:

- 每个 CSS 文件中的样式都拥有单独的作用域,不会和外界发生命名冲突。
- 对 CSS 进行依赖管理,可以通过相对路径引入 CSS 文件。
- 可以通过 composes 轻松复用其他 CSS 模块。

使用 CSS Modules 不需要额外安装模块,只要开启 css-loader 中的 modules 配置项即可。

```
module: {
    rules: [
        {
            test: /\.css/,
            use: [
                'style-loader',
                {
                    loader: 'css-loader',
                    options: {
                        modules: true,
                        localIdentName: '[name]__[local]__[hash:base64:5]',
                    },
                }
            ],
        }
    ],
},
```

这里比较值得一提的是 localIdentName 配置项,它用于指明 CSS 代码中的类名会如何来编译。假设源码是下面的形式:

```
/* style.css */
.title {
    color: #f938ab;
}
```

经过编译后可能将成为 .style__title__1CFy6。让我们依次对照上面的配置:

- [name] 指代的是模块名，这里被替换为 style。
- [local] 指代的是原本的选择器标识符，这里被替换为 title。
- [hash:base64:5] 指代的是一个 5 位的 hash 值，这个 hash 值是根据模块名和标识符计算的，因此不同模块中相同的标识符也不会造成样式冲突。

在使用的过程中我们还要注意在 JavaScript 中引入 CSS 的方式。之前只是直接将 CSS 文件引入就可以了，但使用 CSS Modules 时 CSS 文件会导出一个对象，我们需要把这个对象中的属性添加到 HTML 标签上。请看下面的示例：

```
/* style.css */
.title {
    color: #f938ab;
}

// app.js
import styles from './style.css';
document.write(`<h1 class="${styles.title}">My Webpack app.</h1>`);
```

最终这个 HTML 中的 class 才能与我们编译后的 CSS 类名匹配上。

5.5 本章小结

本章我们介绍了处理样式的各种工具和相关配置，通过 SCSS、Less 等预编译样式语言来提升开发效率，降低代码复杂度。通过 PostCSS 包含的很多功能强大的插件，可以让我们使用更新的 CSS 特性，保证更好的浏览器兼容性。通过 CSS Modules 可以让 CSS 模块化，避免样式冲突。

应用性能是很多开发者所关注的。从下一章开始，我们会逐渐接触到与性能相关的问题，如利用动态加载的特性使我们的页面展现速度更快等。

第 6 章 Chapter 6

代 码 分 片

实现高性能应用其中重要的一点就是尽可能地让用户每次只加载必要的资源,优先级不太高的资源则采用延迟加载等技术渐进式地获取,这样可以保证页面的首屏速度。代码分片(code splitting)是 Webpack 作为打包工具所特有的一项技术,通过这项技术我们可以把代码按照特定的形式进行拆分,使用户不必一次全部加载,而是按需加载。

代码分片可以有效降低首屏加载资源的大小,但同时也会带来新的问题,比如我们应该对哪些模块进行分片、分片后的资源如何管理等,这些也是需要关注的。

本章将会包含以下几方面的内容:

❑ 代码分片与公共模块提取;
❑ CommonsChunkPlugin 与 SplitChunksPlugin;
❑ 资源异步加载原理。

6.1 通过入口划分代码

在 Webpack 中每个入口(entry)都将生成一个对应的资源文件,通过入口的配置我们可以进行一些简单有效的代码拆分。

对于 Web 应用来说通常会有一些库和工具是不常变动的,可以把它们放在一个单独的入口中,由该入口产生的资源不会经常更新,因此可以有效地利用客户端缓存,让用户不必在每次请求页面时都重新加载。如:

```
// webpack.config.js
entry: {
    app: './app.js',
    lib: ['lib-a', 'lib-b', 'lib-c']
}

// index.html
<script src="dist/lib.js"></script>
<script src="dist/app.js"></script>
```

这种拆分方法主要适合于那些将接口绑定在全局对象上的库,因为业务代码中的模块无法直接引用库中的模块,二者属于不同的依赖树。

对于多页面应用来说,我们也可以利用入口划分的方式拆分代码。比如,为每一个页面创建一个入口,并放入只涉及该页面的代码,同时再创建一个入口来包含所有公共模块,并使每个页面都进行加载。但是这样仍会带来公共模块与业务模块处于不同依赖树的问题。另外,很多时候不是所有的页面都需要这些公共模块。比如 A、B 页面需要 lib-a 模块,C、D 需要 lib-b 模块,通过手工的方式去配置和提取公共模块将会变得十分复杂。好在我们还可以使用 Webpack 专门提供的插件来解决这个问题。

6.2 CommonsChunkPlugin

CommonsChunkPlugin 是 Webpack 4 之前内部自带的插件(Webpack 4 之后替换为了 SplitChunks)。它可以将多个 Chunk 中公共的部分提取出来。公共模块的提取可以为项目带来几个收益:

- 开发过程中减少了重复模块打包,可以提升开发速度;
- 减小整体资源体积;
- 合理分片后的代码可以更有效地利用客户端缓存。

让我们先看一个简单的例子来直观地认识它。假设我们当前的项目中有 foo.js 和 bar.js 两个入口文件，并且都引入了 react，下面是未使用 CommonsChunkPlugin 的配置：

```js
// webpack.config.js
module.exports = {
    entry: {
        foo: './foo.js',
        bar: './bar.js',
    },
    output: {
        filename: '[name].js',
    },
};

// foo.js
import React from 'react';
document.write('foo.js', React.version);

// bar.js
import React from 'react';
document.write('bar.js', React.version);
```

让我们来打包看下结果，如图 6-1 所示。

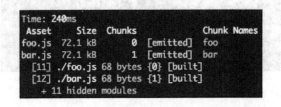

图 6-1　添加 CommonsChunkPlugin 前的打包结果

从资源体积可以看出，react 被分别打包到了 foo.js 和 bar.js 中。

更改 webpack.config.js，添加 CommonsChunkPlugin。

```js
const webpack = require('webpack');
module.exports = {
    entry: {
        foo: './foo.js',
```

```
        bar: './bar.js',
    },
    output: {
        filename: '[name].js',
    },
    plugins: [
        new webpack.optimize.CommonsChunkPlugin({
            name: 'commons',
            filename: 'commons.js',
        })
    ],
};
```

在配置文件的头部首先引入了 Webpack，接着使用其内部的 CommonsChunkPlugin 函数创建了一个插件实例，并传入配置对象（过去的版本中也支持按顺序传入多个参数，该形式目前已经被废弃）。这里我们使用了两个配置项。

- name：用于指定公共 chunk 的名字。
- filename：提取后的资源文件名。

对更改后的项目打包试试看，结果如图 6-2 所示。

```
Time: 235ms
       Asset     Size  Chunks              Chunk Names
      foo.js 506 bytes       0  [emitted]  foo
      bar.js 508 bytes       1  [emitted]  bar
  commons.js    73 kB       2  [emitted]  commons
   [7] ./foo.js 68 bytes {0} [built]
  [12] ./bar.js 68 bytes {1} [built]
    + 11 hidden modules
```

图 6-2　提取公共模块后的打包结果

可以看到，产出的资源中多了 commons.js，而 foo.js 和 bar.js 的体积从之前的 72.1kB 降为不到 1kB，这就是把 react 及其依赖的模块都提到 commons.js 的结果。

最后，记得在页面中添加一个 script 标签来引入 commons.js，并且注意，该 JS 一定要在其他 JS 之前引入。

下面我们再来看几个实际的例子，来了解更多 CommonsChunkPlugin 的特性。

6.2.1 提取 vendor

虽然 CommonsChunkPlugin 主要用于提取多入口之间的公共模块，但这不代表对于单入口的应用就无法使用。我们仍然可以用它来提取第三方类库及业务中不常更新的模块，只需要单独为它们创建一个入口即可。请看下面的例子：

```
// webpack.config.js
const webpack = require('webpack');
module.exports = {
    entry: {
        app: './app.js',
        vendor: ['react'],
    },
    output: {
        filename: '[name].js',
    },
    plugins: [
        new webpack.optimize.CommonsChunkPlugin({
            name: 'vendor',
            filename: 'vendor.js',
        })
    ],
};

// app.js
import React from 'react';
document.write('app.js', React.version);
```

为了将 react 从 app.js 提取出来，我们在配置中加入了一个入口 vendor，并使其只包含 react，这样就把 react 变为了 app 和 vendor 这两个 chunk 所共有的模块。在插件内部配置中，我们将 name 指定为 vendor，这样由 CommonsChunkPlugin 所产生的资源将覆盖原有的由 vendor 这个入口所产生的资源。打包结果如图 6-3 所示。

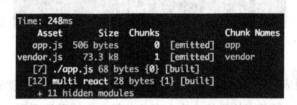

图 6-3　提取 react 到 vendor.js 的结果

6.2.2 设置提取范围

通过 CommonsChunkPlugin 中的 chunks 配置项可以规定从哪些入口中提取公共模块，请看下面的例子：

```js
// webpack.config.js
const webpack = require('webpack');
module.exports = {
    entry: {
        a: './a.js',
        b: './b.js',
        c: './c.js',
    },
    output: {
        filename: '[name].js',
    },
    plugins: [
        new webpack.optimize.CommonsChunkPlugin({
            name: 'commons',
            filename: 'commons.js',
            chunks: ['a', 'b'],
        })
    ],
};
```

我们在 chunks 中配置了 a 和 b，这意味着只会从 a.js 和 b.js 中提取公共模块。打包结果如图 6-4 所示。

```
Time: 258ms
      Asset       Size  Chunks             Chunk Names
       b.js  508 bytes       0  [emitted]  b
       a.js  508 bytes       1  [emitted]  a
       c.js    72.1 kB    2, 3  [emitted]  c
 commons.js      73 kB       3  [emitted]  commons
   [11] ./a.js 68 bytes {1} [built]
   [12] ./b.js 68 bytes {0} [built]
   [13] ./c.js 68 bytes {2} [built]
       + 11 hidden modules
```

图 6-4 通过 chunks 设定提取范围

对于一个大型应用来说，拥有几十个页面是很正常的，这也就意味着会有几十个资源入口。这些入口所共享的模块也许会有些差异，在这种情况下，我们可以配置多个

CommonsChunkPlugin，并为每个插件规定提取的范围，来更有效地进行提取。

6.2.3 设置提取规则

CommonsChunkPlugin 的默认规则是只要一个模块被两个入口 chunk 所使用就会被提取出来，比如只要 a 和 b 用了 react，react 就会被提取出来。

然而现实情况是，有些时候我们不希望所有的公共模块都被提取出来，比如项目中一些组件或工具模块，虽然被多次引用，但是可能经常修改，如果将其和 react 这种库放在一起反而不利于客户端缓存。

此时我们可以通过 CommonsChunkPlugin 的 minChunks 配置项来设置提取的规则。该配置项非常灵活，支持多种输入形式。

（1）数字

minChunks 可以接受一个数字，当设置 minChunks 为 n 时，只有该模块被 n 个入口同时引用才会进行提取。另外，这个阈值不会影响通过数组形式入口传入模块的提取。这个听上去不是很好理解，让我们看以下例子：

```
// webpack.config.js
const webpack = require('webpack');
module.exports = {
    entry: {
        foo: './foo.js',
        bar: './bar.js',
        vendor: ['react'],
    },
    output: {
        filename: '[name].js',
    },
    plugins: [
        new webpack.optimize.CommonsChunkPlugin({
            name: 'vendor',
            filename: 'vendor.js',
            minChunks: 3,
        })
    ],
};
```

我们令 foo.js 和 bar.js 共同引用一个 util.js。

```
// foo.js
import React from 'react';
import './util';
document.write('foo.js', React.version);

// bar.js
import React from 'react';
import './util';
document.write('bar.js', React.version);

// util.js
console.log('util');
```

如果实际打包应该可以发现，由于我们设置 minChunks 为 3，util.js 并不会被提取到 vendor.js 中，然而 react 并不受这个的影响，仍然会出现在 vendor.js 中。这就是所说的数组形式入口的模块会照常提取。

（2）Infinity

设置为无穷代表提取的阈值无限高，也就是说所有模块都不会被提取。

这个配置项的意义有两个。第一个是和上面的情况类似，即我们只想让 Webpack 提取特定的几个模块，并将这些模块通过数组型入口传入，这样做的好处是提取哪些模块是完全可控的；另一个是我们指定 minChunks 为 Infinity，为了生成一个没有任何模块而仅仅包含 Webpack 初始化环境的文件，这个文件我们通常称为 manifest。在后面长效缓存的部分会再次介绍。

（3）函数

minChunks 支持传入一个函数，它可以让我们更细粒度地控制公共模块。Webpack 打包过程中的每个模块都会经过这个函数的处理，当函数的返回值是 true 时进行提取。请看下面的例子：

```
new webpack.optimize.CommonsChunkPlugin({
    name: 'verndor',
    filename: 'vendor.js',
```

```
        minChunks: function(module, count) {
            // module.context 模块目录路径
            if(module.context && module.context.includes('node_modules')) {
                return true;
            }

            // module.resource 包含模块名的完整路径
            if(module.resource && module.resource.endsWith('util.js')) {
                return true;
            }

            // count 为模块被引用的次数
            if(count > 5) {
                return true;
            }
        },
    }),
```

借助上面的配置，我们可以分别提取 node_modules 目录下的模块、名称为 util.js 的模块，以及被引用 5 次（不包含 5 次）以上的模块。

6.2.4 hash 与长效缓存

使用 CommonsChunkPlugin 时，一个绕不开的问题就是 hash 与长效缓存。当我们使用该插件提取公共模块时，提取后的资源内部不仅仅是模块的代码，往往还包含 Webpack 的运行时（runtime）。Webpack 的运行时指的是初始化环境的代码，如创建模块缓存对象、声明模块加载函数等。

在较早期的 Webpack 版本中，运行时内部也包含模块的 id，并且这个 id 是以数字的方式不断累加的（比如第 1 个模块 id 是 0，第 2 个模块 id 是 1）。这会造成一个问题，即模块 id 的改变会导致运行时内部的代码发生变动，进一步影响 chunk hash 的生成。一般我们会使用 chunk hash 作为资源的版本号优化客户端的缓存，版本号改变会导致用户频繁地更新资源，即便它们的内容并没有发生变化也会更新。

这个问题解决的方案是：将运行时的代码单独提取出来。请看下面这个例子：

```
// webpack.config.js
```

```
const webpack = require('webpack');
module.exports = {
    entry: {
        app: './app.js',
        vendor: ['react'],
    },
    output: {
        filename: '[name].js',
    },
    plugins: [
        new webpack.optimize.CommonsChunkPlugin({
            name: 'vendor',
        }),
        new webpack.optimize.CommonsChunkPlugin({
            name: 'manifest',
        })
    ],
};
```

上面的配置中，通过添加了一个 name 为 manifest 的 CommonsChunkPlugin 来提取 Webpack 的运行时。打包结果如图 6-5 所示。

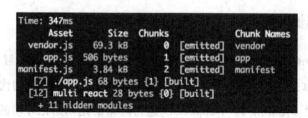

图 6-5 提取 manifest.js

 注意 manifest 的 CommonsChunkPlugin 必须出现在最后，否则 Webpack 将无法正常提取模块。

在我们的页面中，manifest.js 应该最先被引入，用来初始化 Webpack 环境。如：

```
<!-- index.html -->
<script src="dist/manifest.js"></script>
<script src="dist/vendor.js"></script>
<script src="dist/app.js"></script>
```

通过这种方式，app.js 中的变化将只会影响 manifest.js，而它是一个很小的文件，我们的 vendor.js 内容及 hash 都不会变化，因此可以被用户所缓存。

6.2.5 CommonsChunkPlugin 的不足

在提取公共模块方面，CommonsChunkPlugin 可以满足很多场景的需求，但是它也有一些欠缺的地方。

1）一个 CommonsChunkPlugin 只能提取一个 vendor，假如我们想提取多个 vendor 则需要配置多个插件，这会增加很多重复的配置代码。

2）前面我们提到的 manifest 实际上会使浏览器多加载一个资源，这对于页面渲染速度是不友好的。

3）由于内部设计上的一些缺陷，CommonsChunkPlugin 在提取公共模块的时候会破坏掉原有 Chunk 中模块的依赖关系，导致难以进行更多的优化。比如在异步 Chunk 的场景下 CommonsChunkPlugin 并不会按照我们的预期正常工作。比如下面的例子：

```
// webpack.config.js
const webpack = require('webpack');
module.exports = {
    entry: './foo.js',
    output: {
        filename: 'foo.js',
    },
    plugins: [
        new webpack.optimize.CommonsChunkPlugin({
            name: 'commons',
            filename: 'commons.js',
        })
    ],
};

// foo.js
import React from 'react';
import('./bar.js');
document.write('foo.js', React.version);
```

```
// bar.js
import React from 'react';
document.write('bar.js', React.version);
```

打包结果如图 6-6 所示。

```
Time: 369ms
     Asset      Size  Chunks             Chunk Names
  0.foo.js  503 bytes       0  [emitted]
    foo.js    69.8 kB       1  [emitted]  main
commons.js    5.78 kB       2  [emitted]  commons
   [7] ./foo.js 88 bytes {1} [built]
  [12] ./bar.js 68 bytes {0} [built]
```

图 6-6 commons.js 并没有提取 react

关于异步加载的部分本章后面会讲到，因此这里的细节可以不必过于在意。这个例子只是为了体现 CommonsChunkPlugin 的缺陷。从结果可以看出，react 仍然在 foo.js 中，并没有按照我们的预期被提取到 commons.js 里。

6.3 optimization.SplitChunks

optimization.SplitChunks（简称 SplitChunks）是 Webpack 4 为了改进 CommonsChunkPlugin 而重新设计和实现的代码分片特性。它不仅比 CommonsChunkPlugin 功能更加强大，还更简单易用。

比如我们前面异步加载的例子，在换成 Webpack 4 的 SplitChunks 之后，就可以自动提取出 react 了。请看下面的例子：

```
// webpack.config.js
module.exports = {
    entry: './foo.js',
    output: {
        filename: 'foo.js',
        publicPath: '/dist/',
    },
    mode: 'development',
    optimization: {
        splitChunks: {
```

```
        chunks: 'all',
      },
    },
};

// foo.js
import React from 'react';
import('./bar.js');
document.write('foo.js', React.version);

// bar.js
import React from 'react';
console.log('bar.js', React.version);
```

此处 Webpack 4 的配置与之前相比有两点不同：

❑ 使用 optimization.splitChunks 替代了 CommonsChunkPlugin，并指定了 chunks 的值为 all，这个配置项的含义是，SplitChunks 将会对所有的 chunks 生效（默认情况下，SplitChunks 只对异步 chunks 生效，并且不需要配置）。

❑ mode 是 Webpack 4 中新增的配置项，可以针对当前是开发环境还是生产环境自动添加对应的一些 Webpack 配置。

打包结果如图 6-7 所示。

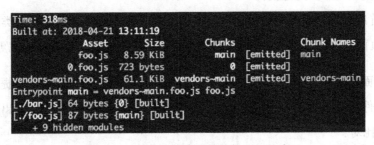

图 6-7　react 被提取到单独的 chunk 中

原本我们打包的结果应该是 foo.js 及 0.foo.js（异步加载 bar.js 的结果，后面会介绍），但是由于 SplitChunks 的存在，又生成了一个 vendors~main.foo.js，并且把 react 提取到了里面。

接下来我们会详细介绍 SplitChunks 的特性。

6.3.1 从命令式到声明式

在使用 CommonsChunkPlugin 的时候，我们大多数时候是通过配置项将特定入口中的特定模块提取出来，也就是更贴近命令式的方式。而 SplitChunks 的不同之处在于我们只需要设置一些提取条件，如提取的模式、提取模块的体积等，当某些模块达到这些条件后就会自动被提取出来。SplitChunks 的使用更像是声明式的。

以下是 SplitChunks 默认情形下的提取条件：

- 提取后的 chunk 可被共享或者来自 node_modules 目录。这一条很容易理解，被多次引用或处于 node_modules 中的模块更倾向于是通用模块，比较适合被提取出来。
- 提取后的 Javascript chunk 体积大于 30kB（压缩和 gzip 之前），CSS chunk 体积大于 50kB。这个也比较容易理解，如果提取后的资源体积太小，那么带来的优化效果也比较一般。
- 在按需加载过程中，并行请求的资源最大值小于等于 5。按需加载指的是，通过动态插入 script 标签的方式加载脚本。我们一般不希望同时加载过多的资源，因为每一个请求都要花费建立链接和释放链接的成本，因此提取的规则只在并行请求不多的时候生效。
- 在首次加载时，并行请求的资源数最大值小于等于 3。和上一条类似，只不过在页面首次加载时往往对性能的要求更高，因此这里的默认阈值也更低。

通过前面的例子我们可以进一步解释这些条件。在从 foo.js 和 bar.js 提取 react 前，会对这些条件一一进行验证，只有满足了所有条件之后 react 才会被提取出来。下面我们进行一下比对：

- react 属于 node_modules 目录下的模块。
- react 的体积大于 30kB。
- 按需加载时的并行请求数量为 1，为 0.foo.js。
- 首次加载时的并行请求数量为 2，为 foo.js 和 vendors-main.foo.js。之所以 vendors-main.foo.js 不算在第 3 条是因为它需要被添加在 HTML 的 script 标签中，在页面初始化的时候就会进行加载。

6.3.2 默认的异步提取

前面我们对 SplitChunks 添加了一个 chunks: all 的配置，这是为了提取 foo.js 和 bar.js 的公共模块。实际上 SplitChunks 不需要配置也能生效，但仅仅针对异步资源。请看下面的例子：

```
// webpack.config.js
module.exports = {
    entry: './foo.js',
    output: {
        filename: 'foo.js',
        publicPath: '/dist/',
    },
    mode: 'development',
};

// foo.js
import('./bar.js');
console.log('foo.js');

// bar.js
import lodash from 'lodash';
console.log(lodash.flatten([1, [2, 3]]));
```

打包结果如图 6-8 所示。

```
Time: 507ms
Built at: 2018-04-21 19:57:10
     Asset       Size  Chunks             Chunk Names
    foo.js   7.27 KiB    main  [emitted]  main
  0.foo.js  735 bytes       0  [emitted]
  1.foo.js   547 KiB       1  [emitted]
Entrypoint main = foo.js
[./bar.js] 71 bytes {0} [built]
[./foo.js] 42 bytes {main} [built]
```

图 6-8 lodash 被分离到 1.foo.js 中

从结果来看，foo.js 不仅产生了一个 0.foo.js（原本的 bar.js），还有一个 1.foo.js，这里面包含的就是 lodash 的内容。让我们再与上一节的 4 个条件进行比对：

- lodash 属于 node_modules 目录下的模块，因此即便只有一个 bar.js 引用它也符合条件。
- lodash 的体积大于 30kB。
- 按需加载时的并行请求数量为 2，为 0.foo.js 以及 1.foo.js。
- 首次加载时的并行请求数量为 1，为 foo.js。这里没有计算 1.foo.js 的原因是它只是被异步资源所需要，并不影响入口资源的加载，也不需要添加额外的 script 标签。

6.3.3 配置

为了更好地了解 SplitChunks 是怎样工作的，我们来看一下它的默认配置。

```
splitChunks: {
    chunks: "async",
    minSize: {
      javascript: 30000,
      style: 50000,
    },
    maxSize: 0,
    minChunks: 1,
    maxAsyncRequests: 5,
    maxInitialRequests: 3,
    automaticNameDelimiter: '~',
    name: true,
    cacheGroups: {
        vendors: {
            test: /[\\/]node_modules[\\/]/,
            priority: -10,
        },
        default: {
            minChunks: 2,
            priority: -20,
            reuseExistingChunk: true,
        },
    },
},
```

（1）匹配模式

通过 chunks 我们可以配置 SplitChunks 的工作模式。它有 3 个可选值，分别为 async（默认）、initial 和 all。async 即只提取异步 chunk，initial 则只对入口 chunk 生效（如果配置了 initial 则上面异步的例子将失效），all 则是两种模式同时开启。

（2）匹配条件

minSize、minChunks、maxAsyncRequests、maxInitialRequests 都属于匹配条件，前文已经介绍过了，不赘述。

（3）命名

配置项 name 默认为 true，它意味着 SplitChunks 可以根据 cacheGroups 和作用范围自动为新生成的 chunk 命名，并以 automaticNameDelimiter 分隔。如 vendors~a~b~c.js 意思是 cacheGroups 为 vendors，并且该 chunk 是由 a、b、c 三个入口 chunk 所产生的。

（4）cacheGroups

可以理解成分离 chunks 时的规则。默认情况下有两种规则——vendors 和 default。vendors 用于提取所有 node_modules 中符合条件的模块，default 则作用于被多次引用的模块。我们可以对这些规则进行增加或者修改，如果想要禁用某种规则，也可以直接将其置为 false。当一个模块同时符合多个 cacheGroups 时，则根据其中的 priority 配置项确定优先级。

6.4 资源异步加载

资源异步加载主要解决的问题是，当模块数量过多、资源体积过大时，可以把一些暂时使用不到的模块延迟加载。这样使页面初次渲染的时候用户下载的资源尽可能小，后续的模块等到恰当的时机再去触发加载。因此一般也把这种方法叫作按需加载。

6.4.1　import()

在 Webpack 中有两种异步加载的方式——import 函数及 require.ensure。require.ensure 是 Webpack 1 支持的异步加载方式，从 Webpack 2 开始引入了 import 函数，并且官方也更推荐使用它，因此我们这里只介绍 import 函数。

与正常 ES6 中的 import 语法不同，通过 import 函数加载的模块及其依赖会被异步地进行加载，并返回一个 Promise 对象。

首先让我们看一个正常模块加载的例子。

```
// foo.js
import { add } from './bar.js';
console.log(add(2, 3));

// bar.js
export function add(a, b) {
    return a + b;
}
```

假设 bar.js 的资源体积很大，并且我们在页面初次渲染的时候并不需要使用它，就可以对它进行异步加载。

```
// foo.js
import('./bar.js').then(({ add }) => {
    console.log(add(2, 3));
});

// bar.js
export function add(a, b) {
    return a + b;
}
```

这里还需要我们更改一下 Webpack 的配置。

```
module.exports = {
    entry: {
        foo: './foo.js'
    },
    output: {
```

```
            publicPath: '/dist/',
            filename: '[name].js',
        },
        mode: 'development',
        devServer: {
            publicPath: '/dist/',
            port: 3000,
        },
    };
```

在第 3 章中资源输出配置的部分我们讲过，首屏加载的 JS 资源地址是通过页面中的 script 标签来指定的，而间接资源（通过首屏 JS 再进一步加载的 JS）的位置则要通过 output.publicPath 来指定。上面我们的 import 函数相当于使 bar.js 成为了一个间接资源，我们需要配置 publicPath 来告诉 Webpack 去哪里获取它。

此时我们使用 Chrome 的 network 面板应该可以看到一个 0.js 的请求，它就是 bar.js 及其依赖产生的资源。观察面板中的 Initiator 字段，可以发现它是由 foo.js 产生的请求，如图 6-9 所示。

图 6-9 异步请求 0.js

该技术实现的原理很简单，就是通过 JavaScript 在页面的 head 标签里插入一个 script 标签 /dist/0.js，打开 Chrome 的 Elements 面板就可以看到。由于该标签在原本的 HTML 页面中并没有，因此我们称它是动态插入的，如图 6-10 所示。

图 6-10 在 head 标签里插入了 /dist/0.js

import 函数还有一个比较重要的特性。ES6 Module 中要求 import 必须出现在代码的顶层作用域，而 Webpack 的 import 函数则可以在任何我们希望的时候调用。如：

```
if (condition) {
    import('./a.js').then(a => {
        console.log(a);
    });
} else {
    import('./b.js').then(b => {
        console.log(b);
    });
}
```

这种异步加载方式可以赋予应用很强的动态特性，它经常被用来在用户切换到某些特定路由时去渲染相应组件，这样分离之后首屏加载的资源就会小很多。

6.4.2　异步 chunk 的配置

现在我们已经生成了异步资源，但我们会发现产生的资源名称都是数字 id（如 0.js），没有可读性。还需要通过一些 Webpack 的配置来为其添加有意义的名字，以便于管理。

还是上面的例子，我们修改一下 foo.js 及 Webpack 的配置。

```
// webpack.config.js
module.exports = {
    entry: {
        foo: './foo.js',
    },
    output: {
        publicPath: '/dist/',
        filename: '[name].js',
        chunkFilename: '[name].js',
    },
    mode: 'development',
};

// foo.js
import(/* webpackChunkName: "bar" */ './bar.js').then(({ add }) => {
    console.log(add(2, 3));
});
```

可以看到，我们在 Webpack 的配置中添加了 output.chunkFilename，用来指定异步 chunk 的文件名。其命名规则与 output.filename 基本一致，不过由于异步 chunk 默认没有名字,其默认值是 [id].js,这也是为什么我们在例子中看到的是 0.js。如果有更多的异步 chunk,则会依次产生 1.js、2.js 等。

在 foo.js 中,我们通过特有的注释来让 Webpack 获取到异步 chunk 的名字,并配置 output.chunkFilename 为 [name].js,最终打包结果如图 6-11 所示。

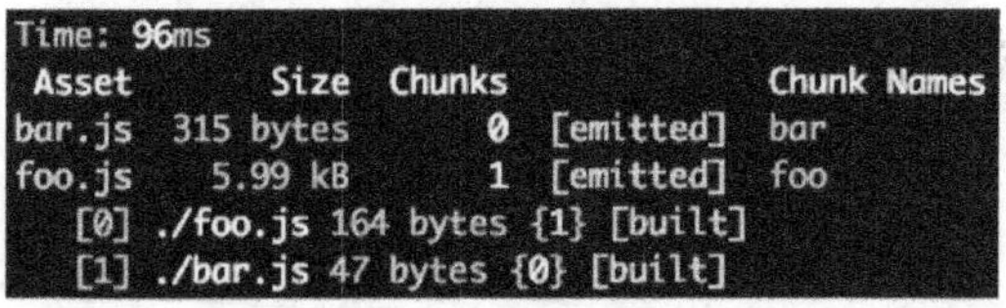

```
Time: 96ms
    Asset       Size  Chunks             Chunk Names
   bar.js  315 bytes       0  [emitted]  bar
   foo.js    5.99 kB       1  [emitted]  foo
   [0] ./foo.js 164 bytes {1} [built]
   [1] ./bar.js 47 bytes {0} [built]
```

图 6-11 最终打包结果

6.5 本章小结

本章我们了解了 Webpack 代码分片的几种方式:合理地规划入口,使用 CommonsChunkPlugin 或 SplitChunks,以及资源异步加载。借助这些方法我们可以有效地缩小资源体积,同时更好地利用缓存,给用户更友好的体验。

下一章将介绍如何针对生产环境添加配置,更好地让打包后的资源服务于终端用户。

Chapter 7　第 7 章

生产环境配置

在前面的章节里我们已经了解了足够多的 Webpack 使用方法，但到了生产环境（或者称为线上环境）中，资源打包将会遇到许多新的问题。在生产环境中我们关注的是如何让用户更快地加载资源，涉及如何压缩资源、如何添加环境变量优化打包、如何最大限度地利用缓存等。本章将会包含以下内容：

- 环境变量的使用；
- source map 机制与策略；
- 资源压缩；
- 优化 hash 与缓存；
- 动态 HTML。

7.1　环境配置的封装

生产环境的配置与开发环境有所不同，比如要设置 mode、环境变量，为文件名添加 chunk hash 作为版本号等。如何让 Webpack 可以按照不同环境采用不同的配置呢？一般来说有以下两种方式。

1)使用相同的配置文件。

比如令 Webpack 不管在什么环境下打包都使用 webpack.config.js,只是在构建开始前将当前所属环境作为一个变量传进去,然后在 webpack.config.js 中通过各种判断条件来决定具体使用哪个配置。比如:

```
// package.json
{
  ...
  "scripts": {
    "dev": "ENV=development webpack-dev-server",
    "build": "ENV=production webpack"
  },
}

// webpack.config.js
const ENV = process.env.ENV;
const isProd = ENV === 'production';
module.exports = {
  output: {
    filename: isProd ? 'bundle@[chunkhash].js' : 'bundle.js',
  },
  mode: ENV,
};
```

上面的例子中,我们通过 npm 脚本命令中传入了一个 ENV 环境变量,webpack.config.js 则根据它的值来确定具体采用什么配置。

2)为不同环境创建各自的配置文件。比如,我们可以单独创建一个 webpack.production.config.js,开发环境的则可以叫 webpack.development.config.js。然后修改 package.json。

```
{
  ...
  "scripts": {
    "dev": " webpack-dev-server --config=webpack.development.config.js",
    "build": " webpack --config=webpack.production.config.js"
  },
}
```

上面我们通过 --config 指定打包时使用的配置文件。但这种方法存在一个问题，即 webpack.development.config.js 和 webpack.production.config.js 肯定会有重复的部分，一改都要改，不利于维护。在这种情况下，可以将公共的配置提取出来，比如我们单独创建一个 webpack.common.config.js。

```
module.exports = {
  entry: './src/index.js',
  // development 和 production共有配置
};
```

然后让另外两个 JS 分别引用该文件，并添加上自身环境的配置即可。除此之外，也可以使用 9.1.2 节介绍的 webpack-merge，它是一个专门用来做 Webpack 配置合并的工具，便于我们对繁杂的配置进行管理。

7.2 开启 production 模式

在早期的 Webpack 版本中，开发者有时会抱怨，不同环境所使用的配置项太多，管理起来复杂。以至于 Webpack 4 中直接加了一个 mode 配置项，让开发者可以通过它来直接切换打包模式。如：

```
// webpack.config.js
module.exports = {
    mode: 'production',
};
```

这意味着当前处于生产环境模式，Webpack 会自动添加许多适用于生产环境的配置项，减少了人为手动的工作。

Webpack 这样做其实是希望隐藏许多具体配置的细节，而将其转化为更具有语义性、更简洁的配置提供出来。从 Webpack 4 开始我们已经能看到它的配置文件不应该越写越多，而是应该越写越少。

大部分时候仅仅设置 mode 是不够的，下面我们继续介绍其他与生产环境相关的自定义配置。

7.3 环境变量

通常我们需要为生产环境和本地环境添加不同的环境变量,在 Webpack 中可以使用 DefinePlugin 进行设置。请看下面的例子:

```
// webpack.config.js
const webpack = require('webpack');
module.exports = {
    entry: './app.js',
    output: {
        filename: 'bundle.js',
    },
    mode: 'production',
    plugins: [
        new webpack.DefinePlugin({
            ENV: JSON.stringify('production'),
        })
    ],
};

// app.js
document.write(ENV);
```

上面的配置通过 DefinePlugin 设置了 ENV 环境变量,最终页面上输出的将会是字符串 production。

除了字符串类型的值以外,我们也可以设置其他类型的环境变量。

```
new webpack.DefinePlugin({
    ENV: JSON.stringify('production'),
    IS_PRODUCTION: true,
    ENV_ID: 130912098,
    CONSTANTS: JSON.stringify({
        TYPES: ['foo', 'bar']
    })
})
```

> **注意** 我们在一些值的外面加上了 JSON.stringify,这是因为 DefinePlugin 在替换环境变量时对于字符串类型的值进行的是完全替换。假如不添加 JSON.stringify 的

话，在替换后就会成为变量名，而非字符串值。因此对于字符串环境变量及包含字符串的对象都要加上 JSON.stringify 才行。

许多框架与库都采用 process.env.NODE_ENV 作为一个区别开发环境和生产环境的变量。process.env 是 Node.js 用于存放当前进程环境变量的对象；而 NODE_ENV 则可以让开发者指定当前的运行时环境，当它的值为 production 时即代表当前为生产环境，库和框架在打包时如果发现了它就可以去掉一些开发环境的代码，如警告信息和日志等。这将有助于提升代码运行速度和减小资源体积。具体配置如下：

```
new webpack.DefinePlugin({
    process.env.NODE_ENV: 'production',
})
```

如果启用了 mode: production，则 Webapck 已经设置好了 process.env.NODE_ENV，不需要再人为添加了。

7.4　source map

source map 指的是将编译、打包、压缩后的代码映射回源代码的过程。经过 Webpack 打包压缩后的代码基本上已经不具备可读性，此时若代码抛出了一个错误，要想回溯它的调用栈是非常困难的。而有了 source map，再加上浏览器调试工具（dev tools），要做到这一点就非常容易了。同时它对于线上问题的追查也有一定帮助。

7.4.1　原理

在使用 source map 之前，让我们先介绍一下它的工作原理。Webpack 对于工程源代码的每一步处理都有可能会改变代码的位置、结构，甚至是所处文件，因此每一步都需要生成对应的 source map。若我们启用了 devtool 配置项，source map 就会跟随源代码一步步被传递，直到生成最后的 map 文件。这个文件默认就是打包后的文件名加上 .map，如 bundle.js.map。

在生成 mapping 文件的同时，bundle 文件中会追加上一句注释来标识 map 文件的位置。如：

```
// bundle.js
(function() {
  // bundle 的内容
})();
//# sourceMappingURL=bundle.js.map
```

当我们打开了浏览器的开发者工具时，map 文件会同时被加载，这时浏览器会使用它来对打包后的 bundle 文件进行解析，分析出源代码的目录结构和内容。

map 文件有时会很大，但是不用担心，只要不打开开发者工具，浏览器是不会加载这些文件的，因此对于普通用户来说并没有影响。但是使用 source map 会有一定的安全隐患，即任何人都可以通过 dev tools 看到工程源码。后面我们会讲到如何解决这个问题。

7.4.2　source map 配置

JavaScript 的 source map 的配置很简单，只要在 webpack.config.js 中添加 devtool 即可。

```
module.exports = {
    // ...
    devtool: 'source-map',
};
```

对于 CSS、SCSS、Less 来说，则需要添加额外的 source map 配置项。如下面例子所示：

```
const path = require('path');
module.exports = {
    // ...
    devtool: 'source-map',
    module: {
        rules: [
            {
                test: /\.scss$/,
```

```
                use: [
                    'style-loader',
                    {
                        loader: 'css-loader',
                        options: {
                            sourceMap: true,
                        },
                    }, {
                        loader: 'sass-loader',
                        options: {
                            sourceMap: true,
                        },
                    }
                ],
            }],
        },
    };
```

开启 source map 之后，打开 Chrome 的开发者工具，在"Sources"选项卡下面的"webpack://"目录中可以找到解析后的工程源码，如图 7-1 所示。

图 7-1　通过 source map 查看源码

Webpack 支持多种 source map 的形式。除了配置为 devtool: 'source-map' 以外，还可以根据不同的需求选择 cheap-source-map、eval-source-map 等。通常它们都是 source map 的一些简略版本，因为生成完整的 source map 会延长整体构建时间，如果对打包速度需求比较高的话，建议选择一个简化版的 source map。比如，在开发环境中，cheap-module-eval-source-map 通常是一个不错的选择，属于打包速度和源码信息还原程度的一个良好折中。

在生产环境中由于我们会对代码进行压缩，而最常见的压缩插件 UglifyjsWebpackPlugin 目前只支持完全的 source-map，因此没有那么多选择，我们只能使用 source-map、hidden-source-map、nosources-source-map 这 3 者之一。下面介绍一下这 3 种 source map 在安全性方面的不同。

7.4.3 安全

source map 不仅可以帮助开发者调试源码，当线上有问题产生时也有助于查看调用栈信息，是线上查错十分重要的线索。同时，有了 source map 也就意味着任何人通过浏览器的开发者工具都可以看到工程源码，对于安全性来说也是极大的隐患。那么如何才能在保持其功能的同时，防止暴露源码给用户呢？Webpack 提供了 hidden-source-map 及 nosources-source-map 两种策略来提升 source map 的安全性。

hidden-source-map 意味着 Webpack 仍然会产出完整的 map 文件，只不过不会在 bundle 文件中添加对于 map 文件的引用。这样一来，当打开浏览器的开发者工具时，我们是看不到 map 文件的，浏览器自然也无法对 bundle 进行解析。如果我们想要追溯源码，则要利用一些第三方服务，将 map 文件上传到那上面。目前最流行的解决方案是 Sentry。

Sentry 是一个错误跟踪平台，开发者接入后可以进行错误的收集和聚类，以便于更好地发现和解决线上问题。Sentry 支持 JavaScript 的 source map，我们可以通过它所提供的命令行工具或者 Webpack 插件来自动上传 map 文件。同时我们还要在工程代码中添加 Sentry 对应的工具包，每当 JavaScript 执行出错时就会上报给 Sentry。Sentry 在接收到错误后，就会去找对应的 map 文件进行源码解析，并给出源码中的错误栈。

另一种配置是 nosources-source-map，它对于安全性的保护则没那么强，但是使用方式相对简单。打包部署之后，我们可以在浏览器开发者工具的 Sources 选项卡中看到源码的目录结构，但是文件的具体内容会被隐藏起来。对于错误来说，我们仍然可以在Console控制台中查看源代码的错误栈，或者console日志的准确行数。它对于追溯错误来说基本足够，并且其安全性相对于可以看到整个源码的source-map配置来说要略高一些。

在所有这些配置之外还有一种选择，就是我们可以正常打包出source map，然后通过服务器的nginx设置（或其他类似工具）将.map文件只对固定的白名单（比如公司内网）开放，这样我们仍然能看到源码，而在一般用户的浏览器中就无法获取到它们了。

7.5 资源压缩

在将资源发布到线上环境前，我们通常都会进行代码压缩，或者叫uglify，意思是移除多余的空格、换行及执行不到的代码，缩短变量名，在执行结果不变的前提下将代码替换为更短的形式。一般正常的代码在uglify之后整体体积都将会显著缩小。同时，uglify之后的代码将基本上不可读，在一定程度上提升了代码的安全性。

7.5.1 压缩JavaScript

压缩JavaScript大多数时候使用的工具有两个，一个是UglifyJS（Webpack 3已集成），另一个是terser（Webpack 4已集成）。后者由于支持ES6+代码的压缩，更加面向于未来，因此官方在Webpack 4中默认使用了terser的插件terser-webpack-plugin。

在Webpack 3中的话，开启压缩需调用webpack.optimize.UglifyJsPlugin。如下面例子所示：

```
// Webpack version < 4
const webpack = require('webpack');
module.exports = {
    entry: './app.js',
    output: {
        filename: 'bundle.js',
    },
    plugins: [new webpack.optimize.UglifyJsPlugin()],
};
```

从 Webpack 4 之后，这项配置被移到了 config.optimization.minimize。下面是 Webpack 4 的示例（如果开启了 mode: production，则不需要人为设置）：

```
module.exports = {
    entry: './app.js',
    output: {
        filename: 'bundle.js',
    },
    optimization: {
        minimize: true,
    },
};
```

terser-webpack-plugin 插件支持自定义配置。表 7-1 列出了其中一些常用配置。

表 7-1　常用自定义配置

配置项	类　　型	默认值	功能描述
test	String|RegExp|Array<String|RegExp>	/\.m?js(\?.*)?$/i	terser 的作用范围
include	String|RegExp|Array<String|RegExp>	undefined	使 terser 额外对某些文件或目录生效
exclude	String|RegExp|Array<String|RegExp>	undefined	排除某些文件或目录
cache	Boolean|String	false	是否开启缓存。默认的缓存目录为 node_modules/.cache/terser-webpack-plugin，通过传入字符串类型的值可以修改
parallel	Boolean|Number	false	强烈建议开启，允许使用多个进程进行压缩（可以通过传入数字类型的值来指定）
sourceMap	Boolean	false	是否生成 source map（需同时存在 devtool 配置）
terserOptions	Object	{…default}	terser 压缩配置，如是否可对变量重命名，是否兼容 IE8 等

下面的例子展示了如何自定义 terser-webpack-plugin 插件配置。

```
const TerserPlugin = require('terser-webpack-plugin');
module.exports = {
    //...
    optimization: {
```

```
            // 覆盖默认的 minimizer
            minimizer: [
                new TerserPlugin({
                    /* your config */
                    test: /\.js(\?.*)?$/i,
                    exclude: /\/excludes/,
                })
            ],
    },
};
```

7.5.2 压缩 CSS

压缩 CSS 文件的前提是使用 extract-text-webpack-plugin 或 mini-css-extract-plugin 将样式提取出来，接着使用 optimize-css-assets-webpack-plugin 来进行压缩，这个插件本质上使用的是压缩器 cssnano，当然我们也可以通过其配置进行切换。具体请看下面的例子：

```
const ExtractTextPlugin = require('extract-text-webpack-plugin');
const OptimizeCSSAssetsPlugin = require('optimize-css-assets-webpack-
plugin');
module.exports = {
    // ...
    module: {
        rules: [
            {
                test: /\.css$/,
                use: ExtractTextPlugin.extract({
                    fallback: 'style-loader',
                    use: 'css-loader',
                }),
            }
        ],
    },
    plugins: [new ExtractTextPlugin('style.css')],
    optimization: {
        minimizer: [new OptimizeCSSAssetsPlugin({
            // 生效范围，只压缩匹配到的资源
            assetNameRegExp: /\.optimize\.css$/g,
            // 压缩处理器，默认为 cssnano
            cssProcessor: require('cssnano'),
```

```
            // 压缩处理器的配置
            cssProcessorOptions: { discardComments: { removeAll: true } },
            // 是否展示 log
            canPrint: true,
        })],
    },
};
```

7.6 缓存

缓存是指重复利用浏览器已经获取过的资源。合理地使用缓存是提升客户端性能的一个关键因素。具体的缓存策略（如指定缓存时间等）由服务器来决定，浏览器会在资源过期前一直使用本地缓存进行响应。

这同时也带来一个问题，假如开发者想要对代码进行了一个 bug fix，并希望立即更新到所有用户的浏览器上，而不要让他们使用旧的缓存资源应该怎么做？此时最好的办法是更改资源的 URL，这样可迫使所有客户端都去下载最新的资源。

7.6.1 资源 hash

一个常用的方法是在每次打包的过程中对资源的内容计算一次 hash，并作为版本号存放在文件名中，如 bundle@2e0a691e769edb228e2.js。bundle 是文件本身的名字，@ 后面跟的则是文件内容 hash 值，每当代码发生变化时相应的 hash 也会变化。

我们通常使用 chunkhash 来作为文件版本号，因为它会为每一个 chunk 单独计算一个 hash。请看下面的例子：

```
module.exports = {
    entry: './app.js',
    output: {
        filename: 'bundle@[chunkhash].js',
    },
    mode: 'production',
};
```

打包结果如图 7-2 所示。

```
Time: 162ms
Built at: 2018-05-20 14:10:05
                          Asset       Size  Chunks             Chunk Names
bundle@2e0a691e769edbd228e2.js  570 bytes       0  [emitted]  main
Entrypoint main = bundle@2e0a691e769edbd228e2.js
[0] ./app.js 26 bytes {0} [built]
```

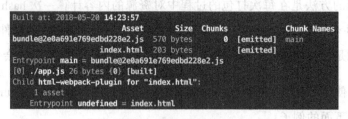

图 7-2　使用 chunkhash 作为版本号

7.6.2　输出动态 HTML

接下来我们面临的问题是，资源名的改变也就意味着 HTML 中的引用路径的改变。每次更改后都要手动地去维护它是很困难的，理想的情况是在打包结束后自动把最新的资源名同步过去。使用 html-webpack-plugin 可以帮我们做到这一点。请看下面的例子：

```
const HtmlWebpackPlugin = require('html-webpack-plugin');
module.exports = {
    // ...
    plugins: [
        new HtmlWebpackPlugin()
    ],
};
```

打包结果中多出了一个 index.html，如图 7-3 所示。

```
Built at: 2018-05-20 14:23:57
                          Asset       Size  Chunks             Chunk Names
bundle@2e0a691e769edbd228e2.js  570 bytes       0  [emitted]  main
                     index.html  203 bytes          [emitted]
Entrypoint main = bundle@2e0a691e769edbd228e2.js
[0] ./app.js 26 bytes {0} [built]
Child html-webpack-plugin for "index.html":
     1 asset
    Entrypoint undefined = index.html
```

图 7-3　同步资源名

我们来看一下 index.html 的内容：

```
<!DOCTYPE html>
<html>
  <head>
    <meta charset="UTF-8">
    <title>Webpack App</title>
  </head>
  <body>
```

```
    <script type="text/javascript"
    src="bundle@2e0a691e769edbd228e2.js"></script>
</body>
</html>
```

html-webpack-plugin 会自动地将我们打包出来的资源名放入生成的 index.html 中，这样我们就不必手动地更新资源 URL 了。

现在我们看到的是 html-webpack-plugin 凭空创建了一个 index.html，但现实情况中我们一般需要在 HTML 中放入很多个性化的内容，这时我们可以传入一个已有的 HTML 模板。请看下面的例子：

```
<!DOCTYPE html>
<!-- template.html -->
<html lang="zh-CN">
    <head>
        <meta charset="UTF-8">
        <title>Custom Title</title>
    </head>
    <body>
        <div id="app">app</div>
        <p>text content</p>
    </body>
</html>

// webpack.config.js
new HtmlWebpackPlugin({
    template: './template.html',
})
```

通过以上配置我们打包出来的 index.html 结果如下：

```
<!DOCTYPE html>
<html lang="zh-CN">
    <head>
        <meta charset="UTF-8">
        <title>Custom Title</title>
    </head>
    <body>
        <div id="app">app</div>
        <p>text content</p>
        <script type="text/javascript"
```

```html
            src="bundle@2e0a691e769edbd228e2.js"></script>
    </body>
</html>
```

html-webpack-plugin 还支持更多的个性化配置，具体请参阅其官方文档 https://github.com/jantimon/html-webpack-plugin，这里不一一详述。

7.6.3　使 chunk id 更稳定

理想状态下，对于缓存的应用是尽量让用户在启动时只更新代码变化的部分，而对没有变化的部分使用缓存。

我们之前介绍过使用 CommonsChunkPlugin 和 SplitChunksPlugin 来划分代码。通过它们来尽可能地将一些不常变动的代码单独提取出来，与经常迭代的业务代码区别开，这些资源就可以在客户端一直使用缓存。

然而，如果你使用的是 Webpack 3 或者以下的版本，在使用 CommonsChunkPlugin 时要注意 vendor chunk hash 变动的问题，它有可能影响缓存的正常使用。

请看下面的例子：

```js
// app.js
import React from 'react';
document.write('app.js');

// webpack.config.js
const webpack = require('webpack');
module.exports = {
    entry: {
        app: './app.js',
        vendor: ['react'],
    },
    output: {
        filename: '[name]@[chunkhash].js',
    },
    plugins: [
        new webpack.optimize.CommonsChunkPlugin({
            name: 'vendor',
```

```
    ],
};
```

此时我们的打包结果如图 7-4 所示。

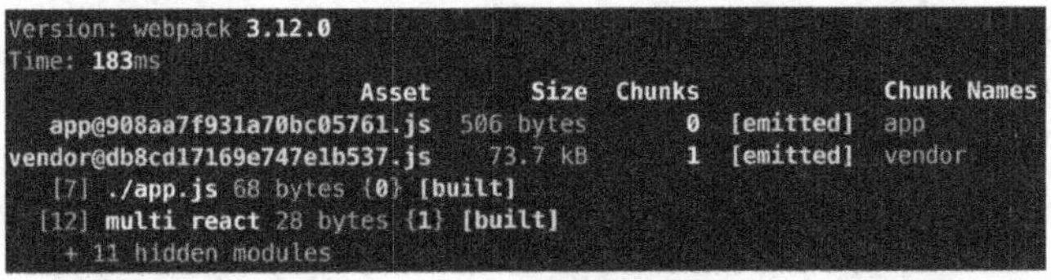

```
Version: webpack 3.12.0
Time: 183ms
                             Asset     Size  Chunks                    Chunk Names
         app@908aa7f931a70bc05761.js  506 bytes      0  [emitted]  app
      vendor@db8cd17169e747e1b537.js     73.7 kB     1  [emitted]  vendor
   [7] ./app.js 68 bytes {0} [built]
  [12] multi react 28 bytes {1} [built]
      + 11 hidden modules
```

图 7-4　vendor chunk hash 为 db8cd17169e747e1b537

接下来我们创建一个 util.js，并在 app.js 里面引用它。

```
// util.js
console.log('util.js');

// app.js
import React from 'react';
import './util';
document.write('app.js');
```

此时如果我们进行打包，预期的结果应该是 app.js 的 chunk hash 发生变化，而 vendor.js 的则保持不变。然而打包结果如图 7-5 所示。

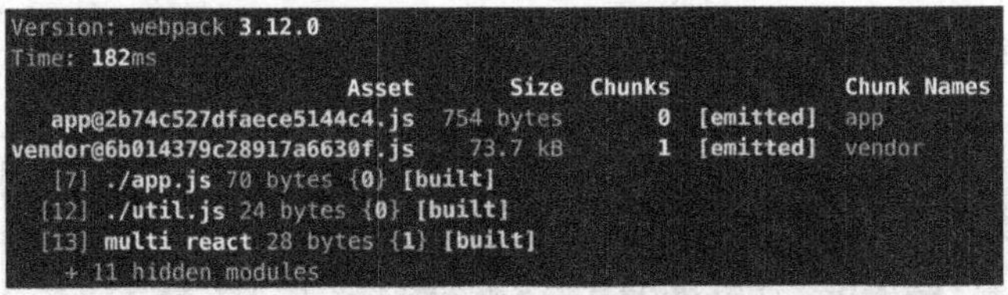

```
Version: webpack 3.12.0
Time: 182ms
                             Asset     Size  Chunks                    Chunk Names
         app@2b74c527dfaece5144c4.js  754 bytes      0  [emitted]  app
      vendor@6b014379c28917a6630f.js     73.7 kB     1  [emitted]  vendor
   [7] ./app.js 70 bytes {0} [built]
  [12] ./util.js 24 bytes {0} [built]
  [13] multi react 28 bytes {1} [built]
      + 11 hidden modules
```

图 7-5　vendor chunk hash 为 6b014379c28917a6630f

上面的结果中 vendor.js 的 chunk hash 也发生了变化，这将会导致客户端重新下载整个资源文件。产生这种现象的原因在于 Webpack 为每个模块指定的 id 是按数字递增的，当有新的模块插入进来时就会导致其他模块的 id 也发生变化，进而影响了 vendor chunk 中的内容。

解决的方法在于更改模块 id 的生成方式。在 Webpack 3 内部自带了 HashedModuleIdsPlugin，它可以为每个模块按照其所在路径生成一个字符串类型的 hash id。稍稍更改一下之前的配置就可以解决。

```
plugins: [
    new webpack.HashedModuleIdsPlugin(),
    new webpack.optimize.CommonsChunkPlugin({
        name: 'vendor',
    })
]
```

对于 Webpack 3 以下的版本，由于其不支持字符串类型的模块 id，可以使用另一个由社区提供的兼容性插件 webpack-hashed-module-id-plugin，可以起到一样的效果。从 Webpack 4 以后已经修改了模块 id 的生成机制，也就不再有该问题了。

7.7 bundle 体积监控和分析

为了保证良好的用户体验，我们可以对打包输出的 bundle 体积进行持续的监控，以防止不必要的冗余模块被添加进来。

VS Code 中有一个插件 Import Cost 可以帮助我们对引入模块的大小进行实时监测。每当我们在代码中引入一个新的模块（主要是 node_modules 中的模块）时，它都会为我们计算该模块压缩后及 gzip 过后将占多大体积，如图 7-6 所示。

```
1  import React from 'react'; 7.7K (gzipped: 3.3K)
2  import lodash from 'lodash'; 70.7K (gzipped: 24.7K)
3  document.write('app.js');
```

图 7-6　通过 Import Cost 计算出引入模块的体积

当我们发现某些包过大时就可以采取一些措施，比如寻找一些更小的替代方案或者只引用其中的某些子模块，如图 7-7 所示。

```
1  import React from 'react'; 7.7K (gzipped: 3.3K)
2  import array from 'lodash/array'; 36.5K (gzipped: 10.3K)
3  document.write('app.js');
```

图 7-7　通过引用子模块来减小体积

另外一个很有用的工具是 webpack-bundle-analyzer，它能够帮助我们分析一个 bundle 的构成。使用方法也很简单，只要将其添加进 plugins 配置即可。

```
const Analyzer = require('webpack-bundle-analyzer').BundleAnalyzerPlugin;
module.exports = {
    // ...
    plugins: [
        new Analyzer()
    ],
};
```

它可以帮我们生成一张 bundle 的模块组成结构图，每个模块所占的体积一目了然，如图 7-8 所示。

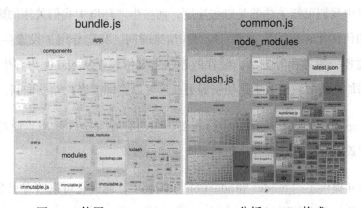

图 7-8　使用 webpack-bundle-analyzer 分析 bundle 构成

最后我们还需要自动化地对资源体积进行监控，bundlesize 这个工具包可以帮助做到这一点。安装之后只需要在 package.json 进行一下配置即可。

```
{
  "name": "my-app",
  "version": "1.0.0",
  "bundlesize": [
    {
      "path": "./bundle.js",
      "maxSize": "50 kB"
    }
  ],
  "scripts": {
    "test:size": "bundlesize"
```

```
    }
}
```

通过 npm 脚本可以执行 bundlesize 命令，它会根据我们配置的资源路径和最大体积验证最终的 bundle 是否超限。我们也可以将其作为自动化测试的一部分，来保证输出的资源如果超限了不会在不知情的情况下就被发布出去。

7.8 本章小结

本章我们了解了在生产环境下需要进行哪些特殊的配置。

开发环境中我们可能关注的是打包速度，而在生产环境中我们关注的则是输出的资源体积以及如何优化客户端缓存来缩短页面渲染时间。我们介绍了设置生产环境变量、压缩代码、监控资源体积等方法。缓存的控制主要依赖于从 chunk 内容生成 hash 作为版本号，并添加到资源文件名中，使资源更新后可以立即被客户端获取到。

source map 对于追溯线上问题十分重要，但也存在安全性隐患。通过一些特殊的 source map 配置以及第三方服务，我们可以兼顾两者。

Webpack 4 提供了"mode: 'production'"配置项，通过它可以节省很多生产环境下的特定代码，让配置文件更加简洁。

第 8 章 Chapter 8

打包优化

本章主要介绍一些优化 Webpack 配置的方法,目的是让打包的速度更快,输出的资源更小。首先重述一条软件工程领域的经验——不要过早优化,在项目的初期不要看到任何优化点就拿来加到项目中,这样不但增加了复杂度,优化的效果也不会太理想。一般是当项目发展到一定规模后,性能问题随之而来,这时再去分析然后对症下药,才有可能达到理想的优化效果。

本章将会包含以下内容:

- 多线程打包与 HappyPack;
- 缩小打包作用域;
- 动态链接库思想与 DllPlugin;
- 死代码检测与 tree shaking。

8.1 HappyPack

HappyPack 是一个通过多线程来提升 Webpack 打包速度的工具。我们可以猜测 HappyPack 这个名字的由来,也许是它的作者在使用 Webpack 过程中无法忍受其漫长的打包过程，于是自己写了一个插件让速度快了很多，摆脱了构建的痛苦。对于很多大中型工程而言，HappyPack 确实可以显著地缩短打包时间。首先让我们了解一下它是如何工作的。

8.1.1 工作原理

在打包过程中有一项非常耗时的工作，就是使用 loader 将各种资源进行转译处理。最常见的包括使用 babel-loader 转译 ES6+ 语法和 ts-loader 转译 TypeScript。我们可以简单地将代码转译的工作流程概括如下：

1）从配置中获取打包入口；

2）匹配 loader 规则，并对入口模块进行转译；

3）对转译后的模块进行依赖查找（如 a.js 中加载了 b.js 和 c.js）；

4）对新找到的模块重复进行步骤 2）和步骤 3），直到没有新的依赖模块。

不难看出从步骤 2）到步骤 4）是一个递归的过程，Webpack 需要一步步地获取更深层级的资源，然后逐个进行转译。这里的问题在于 Webpack 是单线程的，假设一个模块依赖于几个其他模块，Webpack 必须对这些模块逐个进行转译。虽然这些转译任务彼此之间没有任何依赖关系，却必须串行地执行。HappyPack 恰恰以此为切入点，它的核心特性是可以开启多个线程，并行地对不同模块进行转译，这样就可以充分利用本地的计算资源来提升打包速度。

HappyPack 适用于那些转译任务比较重的工程，当我们把类似 babel-loader 和 ts-loader 迁移到 HappyPack 之上后，一般都可以收到不错的效果，而对于其他的如 sass-loader、less-loader 本身消耗时间并不太多的工程则效果一般。

8.1.2 单个 loader 的优化

在实际使用时，要用 HappyPack 提供的 loader 来替换原有 loader，并将原有的那个通过HappyPack插件传进去。请看下面的例子：

```
// 初始Webpack配置（使用HappyPack前）
module.exports = {
  //...
  module: {
    rules: [
      {
        test: /\.js$/,
        exclude: /node_modules/,
        loader: 'babel-loader',
        options: {
          presets: ['react'],
        },
      }
    ],
  },
};

// 使用HappyPack的配置
const HappyPack = require('happypack');
module.exports = {
  //...
  module: {
    rules: [
      {
        test: /\.js$/,
        exclude: /node_modules/,
        loader: 'happypack/loader',
      }
    ],
  },
  plugins: [
    new HappyPack({
      loaders: [
        {
          loader: 'babel-loader',
          options: {
            presets: ['react'],
          },
        }
      ],
    })
  ],
};
```

在 module.rules 中，我们使用 happypack/loader 替换了原有的 babel-loader，并在 plugins 中添加了 HappyPack 的插件，将原有的 babel-loader 连同它的配置插入进去即可。

8.1.3 多个 loader 的优化

在使用 HappyPack 优化多个 loader 时，需要为每一个 loader 配置一个 id，否则 HappyPack 无法知道 rules 与 plugins 如何一一对应。请看下面的例子，这里同时对 babel-loader 和 ts-loader 进行了 Happypack 的替换。

```
const HappyPack = require('happypack');
module.exports = {
  //...
  module: {
    rules: [
      {
        test: /\.js$/,
        exclude: /node_modules/,
        loader: 'happypack/loader?id=js',
      },
      {
        test: /\.ts$/,
        exclude: /node_modules/,
        loader: 'happypack/loader?id=ts',
      }
    ],
  },
  plugins: [
    new HappyPack({
      id: 'js',
      loaders: [{
        loader: 'babel-loader',
        options: {}, // babel options
      }],
    }),
    new HappyPack({
      id: 'ts',
      loaders: [{
        loader: 'ts-loader',
        options: {}, // ts options
```

```
        }],
    })
  ]
};
```

在使用多个 HappyPack loader 的同时也就意味着要插入多个 HappyPack 的插件，每个插件加上 id 来作为标识。同时我们也可以为每个插件设置具体不同的配置项，如使用的线程数、是否开启 debug 模式等。

8.2 缩小打包作用域

从宏观角度来看，提升性能的方法无非两种：增加资源或者缩小范围。增加资源就是指使用更多 CPU 和内存，用更多的计算能力来缩短执行任务的时间；缩小范围则是针对任务本身，比如去掉冗余的流程，尽量不做重复性的工作等。前面我们说的 HappyPack 属于增加资源，那么接下来我们再谈谈如何缩小范围。

8.2.1 exclude 和 include

在第 4 章我们介绍过 exclude 和 include，在配置 loader 的时候一般都会加上它们。对于 JS 来说，一般要把 node_modules 目录排除掉，另外当 exclude 和 include 规则有重叠的部分时，exclude 的优先级更高。下面的例子使用 include 使 babel-loader 只生效于源码目录。

```
module: {
  rules: [
    {
      test: /\.js$/,
      include: /src\/scripts/,
      loader: 'babel-loader,
    }
  ],
},
```

8.2.2 noParse

有些库我们是希望 Webpack 完全不要去进行解析的，即不希望应用任何 loader 规则，库的内部也不会有对其他模块的依赖，那么这时可以使用 noParse 对其进行忽略。请看下面的例子：

```
module.exports = {
  //...
  module: {
    noParse: /lodash/,
  }
};
```

上面的配置将会忽略所有文件名中包含 lodash 的模块，这些模块仍然会被打包进资源文件，只不过 Webpack 不会对其进行任何解析。

在 Webpack 3 及之后的版本还支持完整的路径匹配。如：

```
module.exports = {
  //...
  module: {
    noParse: function(fullPath) {
      // fullPath是绝对路径，如：/Users/me/app/webpack-no-parse/lib/lodash.js
      return /lib/.test(fullPath);
    },
  }
};
```

上面的配置将会忽略所有 lib 目录下的资源解析。

8.2.3 IgnorePlugin

exclude 和 include 是确定 loader 的规则范围，noParse 是不去解析但仍会打包到 bundle 中。最后让我们再看一个插件 IgnorePlugin，它可以完全排除一些模块，被排除的模块即便被引用了也不会被打包进资源文件中。

这对于排除一些库相关文件非常有用。一些由库产生的额外资源我们用不到但又无法去掉，因为引用的语句处于库文件的内部。比如，Moment.js 是一个日期时间处理相关的库，为了做本地化它会加载很多语言包，对于我们来说一般用不到其他地区的语言包，但它们会占很多体积，这时就可以用 IgnorePlugin 来去掉。

```
plugins: [
  new webpack.IgnorePlugin({
    resourceRegExp: /^\.\/locale$/, // 匹配资源文件
    contextRegExp: /moment$/, // 匹配检索目录
  })
],
```

8.2.4 Cache

有些 loader 会有一个 cache 配置项，用来在编译代码后同时保存一份缓存，在执行下一次编译前会先检查源码文件是否有变化，如果没有就直接采用缓存，也就是上次编译的结果。这样相当于实际编译的只有变化了的文件，整体速度上会有一定提升。

在 Webpack 5 中添加了一个新的配置项" cache: { type: "filesystem" }"，它会在全局启用一个文件缓存。要注意的是，该特性目前仅仅是实验阶段，并且无法自动检测到缓存已经过期。比如我们更新了 babel-loader 及一些相关配置，但是由于 JS 源码没有发生变化，重新打包后还会是上一次的结果。

目前的解决办法就是，当我们更新了任何 node_modules 中的模块或者 Webpack 的配置后，手动修改 cache.version 来让缓存过期。同时官方也给出了声明说，未来会优化这一块，尽量可以自动检测缓存是否过期。

8.3 动态链接库与 DllPlugin

动态链接库是早期 Windows 系统由于受限于当时计算机内存空间较小的问题而出现的一种内存优化方法。当一段相同的子程序被多个程序调用时，为了减少内存消耗，可以将这段子程序存储为一个可执行文件，当被多个程序调用时只在内存中生成和使用同一个实例。

DllPlugin 借鉴了动态链接库的这种思路，对于第三方模块或者一些不常变化的模

块,可以将它们预先编译和打包,然后在项目实际构建过程中直接取用即可。当然,通过 DllPlugin 实际生成的还是 JS 文件而不是动态链接库,取这个名字只是由于方法类似罢了。在打包 vendor 的时候还会附加生成一份 vendor 的模块清单,这份清单将会在工程业务模块打包时起到链接和索引的作用。

DllPlugin 和 Code Splitting 有点类似,都可以用来提取公共模块,但本质上有一些区别。Code Splitting 的思路是设置一些特定的规则并在打包的过程中根据这些规则提取模块;DllPlugin 则是将 vendor 完全拆出来,有自己的一整套 Webpack 配置并独立打包,在实际工程构建时就不用再对它进行任何处理,直接取用即可。因此,理论上来说,DllPlugin 会比 Code Splitting 在打包速度上更胜一筹,但也相应地增加了配置,以及资源管理的复杂度。下面我们一步步来进行 DllPlugin 的配置。

8.3.1 vendor 配置

首先需要为动态链接库单独创建一个 Webpack 配置文件,比如命名为 webpack.vendor.config.js,用来区别工程本身的配置文件 webpack.config.js。

请看下面的例子:

```
// webpack.vendor.config.js
const path = require('path');
const webpack = require('webpack');
const dllAssetPath = path.join(__dirname, 'dll');
const dllLibraryName = 'dllExample';
module.exports = {
  entry: ['react'],
  output: {
    path: dllAssetPath,
    filename: 'vendor.js',
    library: dllLibraryName,
  },
  plugins: [
    new webpack.DllPlugin({
      name: dllLibraryName,
      path: path.join(dllAssetPath, 'manifest.json'),
    }),
```

```
  ],
};
```

配置中的 entry 指定了把哪些模块打包为 vendor。plugins 的部分我们引入了 DllPlugin，并添加了以下配置项。

- name：导出的 dll library 的名字，它需要与 output.library 的值对应。
- path：资源清单的绝对路径，业务代码打包时将会使用这个清单进行模块索引。

8.3.2 vendor 打包

接下来我们就要打包 vendor 并生成资源清单了。为了后续运行方便，可以在 package.json 中配置一条 npm script，如下所示：

```
// package.json
{
  ...
  "scripts": {
    "dll": "webpack --config webpack.vendor.config.js"
  },
}
```

运行 npm run dll 后会生成一个 dll 目录，里面有两个文件 vendor.js 和 manifest.json，前者包含了库的代码，后者则是资源清单。

可以预览一下生成的 vendor.js，它以一个立即执行函数表达式的声明开始。

```
var dllExample = (function(params) {
  // ...
})(params);
```

上面的 dllExample 正是我们在 webpack.vendor.config.js 中指定的 dllLibraryName。

接着打开 manifest.json，其大体内容如下：

```
{
  "name": "dllExample",
  "content": {
    "./node_modules/fbjs/lib/invariant.js": {
```

```
      "id": 0,
      "buildMeta": { "providedExports": true }
    },
    ...
  }
}
```

manifest.json 中有一个 name 字段,这是我们通过 DllPlugin 中的 name 配置项指定的。

8.3.3 链接到业务代码

将 vendor 链接到项目中很简单,这里我们将使用与 DllPlugin 配套的插件 DllReferencePlugin,它起到一个索引和链接的作用。在工程的 webpack 配置文件 (webpack.config.js)中,通过 DllReferencePlugin 来获取刚刚打包好的资源清单,然后在页面中添加 vendor.js 的引用就可以了。请看下面的示例:

```
// webpack.config.js
const path = require('path');
const webpack = require('webpack');
module.exports = {
  // ...
  plugins: [
    new webpack.DllReferencePlugin({
      manifest: require(path.join(__dirname, 'dll/manifest.json')),
    })
  ]
};

// index.html
<body>
  <!-- ... -->
  <script src="dll/vendor.js"></script>
  <script src="dist/app.js"></script>
</body>
```

当页面执行到 vendor.js 时,会声明 dllExample 全局变量。而 manifest 相当于我们注入 app.js 的资源地图,app.js 会先通过 name 字段找到名为 dllExample 的 library,再进一步获取其内部模块。这就是我们在 webpack.vendor.config.js 中给 DllPlugin 的 name

和 output.library 赋相同值的原因。如果页面报"变量 dllExample 不存在"的错误，那么有可能就是没有指定正确的 output.library，或者忘记了在业务代码前加载 vendor.js。

8.3.4 潜在问题

目前我们的配置还存在一个潜在的问题。当我们打开 manifest.json 后，可以发现每个模块都有一个 id，其值是按照数字顺序递增的。业务代码在引用 vendor 中模块的时候也是引用的这个数字 id。当我们更改 vendor 时这个数字 id 也会随之发生变化。

假设我们的工程中目前有以下资源文件，并为每个资源都加上了 chunk hash。

- vendor@[hash].js（通过 DllPlugin 构建）
- page1@[hash].js
- page2@[hash].js
- util@[hash].js

现在 vendor 中有一些模块，不妨假定其中包含了 react，其 id 是 5。当尝试添加更多的模块到 vendor 中（比如 util.js 使用了 moment.js，我们希望 moment.js 也通过 DllPlugin 打包）时，那么重新进行 Dll 构建时 moment.js 有可能会出现在 react 之前，此时 react 的 id 就变为了 6。page1.js 和 page2.js 是通过 id 进行引用的，因此它们的文件内容也相应发生了改变。此时我们可能会面临以下两种情况：

- page1.js 和 page2.js 的 chunk hash 均发生了改变。这是我们不希望看到的，因为它们内容本身并没有改变，而现在 vendor 的变化却使得用户必须重新下载所有资源。
- page1.js 和 page.js 的 chunk hash 没有改变。这种情况大多发生在较老版本的 Webpack 中，并且比第 1 种情况更为糟糕。因为 vendor 中的模块 id 改变了，而用户却由于没有更新缓存而继续使用过去版本的 page1.js 和 page2.js，也就引用不到新的 vendor 模块而导致页面错误。对于开发者来说，这个问题很难排查，因为在开发环境下一切都是正常的，只有在生产环境会看到页面崩溃。

这个问题的根源在于，当我们对 vendor 进行操作时，本来 vendor 中不应该受到影响的模块却改变了它们的 id。解决这个问题的方法很简单，在打包 vendor 时添加上 HashedModuleIdsPlugin。请看下面的例子：

```
// webpack.vendor.config.js
module.exports = {
  //...
  plugins: [
    new webpack.DllPlugin({
      name: dllLibraryName,
      path: path.join(dllAssetPath, 'manifest.json'),
    }),
    new webpack.HashedModuleIdsPlugin(),
  ]
};
```

这个插件是在 Webpack 3 中被引入进来的，主要就是为了解决数字 id 的问题。从 Webpack 3 开始，模块 id 不仅可以是数字，也可以是字符串。HashedModuleIdsPlugin 可以把 id 的生成算法改为根据模块的引用路径生成一个字符串 hash。比如一个模块的 id 是 2NuI（hash 值），因为它的引用路径不会因为操作 vendor 中的其他模块而改变，id 将会是统一的，这样就解决了我们前面提到的问题。

8.4 tree shaking

在第 2 章我们介绍过，ES6 Module 依赖关系的构建是在代码编译时而非运行时。基于这项特性 Webpack 提供了 tree shaking 功能，它可以在打包过程中帮助我们检测工程中没有被引用过的模块，这部分代码将永远无法被执行到，因此也被称为"死代码"。Webpack 会对这部分代码进行标记，并在资源压缩时将它们从最终的 bundle 中去掉。下面的例子简单展示了 tree shaking 是如何工作的。

```
// index.js
import { foo } from './util';
foo();

// util.js
export function foo() {
```

```
    console.log('foo');
}
export function bar() {  // 没有被任何其他模块引用,属于"死代码"
    console.log('bar');
}
```

在 Webpack 打包时会对 bar() 添加一个标记,在正常开发模式下它仍然存在,只是在生产环境的压缩那一步会被移除掉。

tree shaking 有时可以使 bundle 体积显著减小,而实现 tree shaking 则需要一些前提条件。

8.4.1 ES6 Module

tree shaking 只能对 ES6 Module 生效。有时我们会发现虽然只引用了某个库中的一个接口,却把整个库加载进来了,而 bundle 的体积并没有因为 tree shaking 而减小。这可能是由于该库是使用 CommonJS 的形式导出的,为了获得更好的兼容性,目前大部分的 npm 包还在使用 CommonJS 的形式。也有一些 npm 包同时提供了 ES6 Module 和 CommonJS 两种形式导出,我们应该尽可能使用 ES6 Module 形式的模块,这样 tree shaking 的效率更高。

8.4.2 使用 Webpack 进行依赖关系构建

如果我们在工程中使用了 babel-loader,那么一定要通过配置来禁用它的模块依赖解析。因为如果由 babel-loader 来做依赖解析,Webpack 接收到的就都是转化过的 CommonJS 形式的模块,无法进行 tree-shaking。禁用 babel-loader 模块依赖解析的配置示例如下:

```
module.exports = {
  // ...
  module: {
    rules: [{
      test: /\.js$/,
      exclude: /node_modules/,
      use: [{
```

```
        loader: 'babel-loader',
        options: {
          presets: [
            // 这里一定要加上 modules: false
            [@babel/preset-env, { modules: false }]
          ],
        },
      }],
    }],
  },
};
```

8.4.3 使用压缩工具去除死代码

tree shaking 本身只是为死代码添加上标记，真正去除死代码是通过压缩工具来进行的。使用我们前面介绍过的 terser-webpack-plugin 即可。在 Webpack 4 之后的版本中，将 mode 设置为 production 也可以达到相同的效果。具体配置不赘述，可以参照前面一章的内容。

8.5 本章小结

在这一章中，我们介绍了加快打包速度，减小资源体积的一些方法。对于一些对性能要求高的项目来说这些方法可以起到一定的效果。最后需要强调的是，每一种优化策略都有其使用场景，并不是任何一个点放在一切项目中都有效。当我们发现性能的问题时，还是要根据现有情况分析出瓶颈在哪里，然后对症下药。

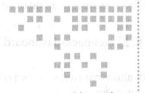

第 9 章 开发环境调优

Webpack 作为打包工具的重要使命之一就是提升效率。下面我们介绍一些对日常开发有一定帮助的 Webpack 插件以及调试方法。本章将包含以下内容:

- Webpack 周边插件介绍;
- 模块热替换及其原理。

9.1 Webpack 开发效率插件

Webpack 拥有非常强大的生态系统,社区中相关的工具也是数不胜数。这里我们介绍几个使用较广的插件,可以从不同的方面对 Webpack 的能力进行增强。

9.1.1 webpack-dashboard

Webpack 每一次构建结束后都会在控制台输出一些打包相关的信息,但是这些信息是以列表的形式展示的,有时会显得不够直观。webpack-dashboard 就是用来更好地展示这些信息的。

安装命令如下:

```
npm install webpack-dashboard
```

我们需要把 webpack-dashboard 作为插件添加到 webpack 配置中，如下所示：

```
const DashboardPlugin = require('webpack-dashboard/plugin');
module.exports = {
  entry: './app.js',
  output: {
    filename: '[name].js',
  },
  mode: 'development',
  plugins: [
    new DashboardPlugin()
  ],
};
```

为了使 webpack-dashboard 生效还要更改一下 webpack 的启动方式，就是用 webpack-dashboard 模块命令替代原本的 webpack 或者 webpack-dev-server 的命令，并将原有的启动命令作为参数传给它。举个例子，假设原本的启动命令如下：

```
// package.json
{
  ...
  "scripts": {
    "dev": "webpack-dev-server"
  }
}
```

加上 webpack-dashboard 后则变为：

```
// package.json
{
  ...
  "scripts": {
    "dev": "webpack-dashboard -- webpack-dev-server"
  }
}
```

启动后的效果如图 9-1 所示。

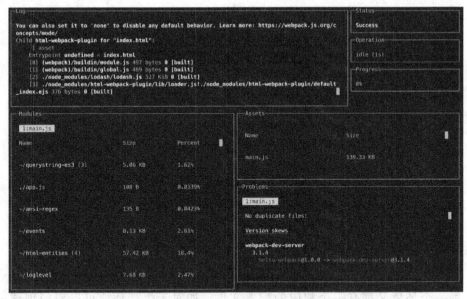

图 9-1 webpack-dashboard 控制台

webpack-dashboard 的控制台分为几个面板来展示不同方面的信息。比如左上角的 Log 面板就是 Webpack 本身的日志；下面的 Modules 面板则是此次参与打包的模块，从中我们可以看出哪些模块资源占用比较多；而从右下方的 Problems 面板中可以看到构建过程中的警告和错误等。

9.1.2 webpack-merge

对于需要配置多种打包环境的项目来说，webpack-merge 是一个非常实用的工具。假设我们的项目有 3 种不同的配置，分别对应本地环境、测试环境和生产环境。每一个环境对应的配置都不同，但也有一些公共的部分，那么我们就可以将这些公共的部分提取出来。假设我们创建一个 webpack.common.js 来存放所有这些配置，如下面例子所示：

```
// webpack.common.js
module.exports = {
  entry: './app.js',
  output: {
    filename: '[name].js',
```

```js
  },
  module: {
    rules: [
      {
        test: /\.(png|jpg|gif)$/,
        use: 'file-loader',
      },
      {
        test: /\.css$/,
        use: [
          'style-loader',
          'css-loader'
        ],
      }
    ],
  },
};
```

每一个环境又都有一个相应的配置文件，如对于生产环境可以专门创建一个 webpack.prod.js。假如不借助任何工具，我们自己从 webpack.common.js 引入公共配置，则大概如下面所示：

```js
// webpack.prod.js
const commonConfig = require('./webpack.common.js');
module.exports = Object.assign(commonConfig, {
  mode: 'production',
});
```

这样看起来很简单，但问题是，假如我们想修改一下 CSS 的打包规则，例如用 extract-text-webpack-plugin 将样式单独打包出来应该怎么办呢？这时就需要添加一些代码，例如：

```js
// webpack.prod.js
const commonConfig = require('./webpack.common.js');
const ExtractTextPlugin = require('extract-text-webpack-plugin');

module.exports = Object.assign(commonConfig, {
  mode: 'production',
  module: {
    rules: [
      {
        test: /\.(png|jpg|gif)$/,
```

```
      use: 'file-loader',
    },
    {
      test: /\.css$/,
      use: ExtractTextPlugin.extract({
        fallback: 'style-loader',
        use: 'css-loader',
      }),
    }
  ],
},
});
```

是不是一下子感觉有些冗余了呢？这是因为通过 Object.assign 我们没有办法准确找到 CSS 的规则并进行替换，所以必须替换掉整个 module 的配置。

下面我们看一下如何用 webpack-merge 来解决这个问题。安装命令如下：

```
npm install webpack-merge
```

更改 webpack.prod.js 如下：

```
const merge = require('webpack-merge');
const commonConfig = require('./webpack.common.js');
const ExtractTextPlugin = require('extract-text-webpack-plugin');

module.exports = merge.smart(commonConfig, {
  mode: 'production',
  module: {
    rules: [
      {
        test: /\.css$/,
        use: ExtractTextPlugin.extract({
          fallback: 'style-loader',
          use: 'css-loader',
        }),
      }
    ]
  },
});
```

可以看到，我们用 merge.smart 替换了 Object.assign，这就是 webpack-merge "聪明"

的地方。它在合并 module.rules 的过程中会以 test 属性作为标识符，当发现有相同项出现的时候会以后面的规则覆盖前面的规则，这样我们就不必添加冗余代码了。

除此之外，webpack-merge 还提供了针对更加复杂场景的解决方案，这里不赘述，感兴趣的读者请查阅其文档 https://github.com/survivejs/webpack-merge。

9.1.3 speed-measure-webpack-plugin

觉得 Webpack 构建很慢但又不清楚如何下手优化吗？那么可以试试 speed-measure-webpack-plugin 这个插件（简称 SMP）。SMP 可以分析出 Webpack 整个打包过程中在各个 loader 和 plugin 上耗费的时间，这将会有助于找出构建过程中的性能瓶颈。

安装命令如下：

```
npm install speed-measure-webpack-plugin
```

SMP 的使用非常简单，只要用它的 wrap 方法包裹在 Webpack 的配置对象外面即可。

```
// webpack.config.js
const SpeedMeasurePlugin = require('speed-measure-webpack-plugin');
const smp = new SpeedMeasurePlugin();
module.exports = smp.wrap({
  entry: './app.js',
  ...
});
```

执行 Webpack 构建命令，将会输出 SMP 的时间测量结果，如图 9-2 所示。

从上面的分析结果就可以找出哪些构建步骤耗时较长，以便于优化和反复测试。

9.1.4 size-plugin

一般而言，随着项目的开发，产出的资源会越来越大，最终生成的资源会逐渐变得臃肿起来。size-plugin 这个插件可以帮助我们监控资源体积的变化，尽早地发现问题。

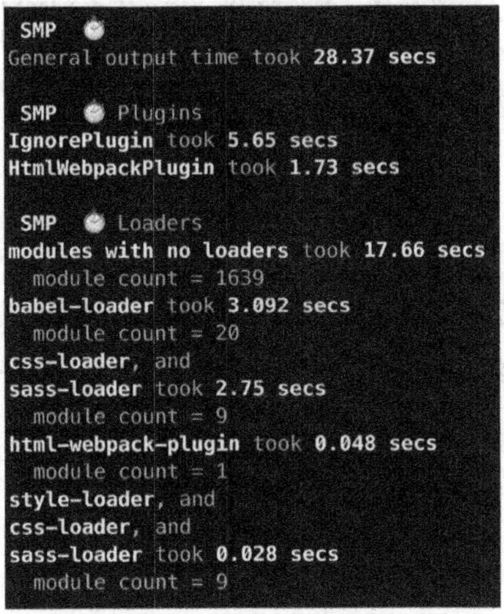

图 9-2 SMP 构建流程时间测量结果

安装命令如下:

```
npm install size-plugin
```

size-plugin 的配置同样很简单。

```
const path = require('path');
const SizePlugin = require('size-plugin');

module.exports = {
  entry: './app.js',
  output: {
    path: path.join(__dirname, 'dist'),
    filename: '[name].js',
  },
  mode: 'production',
  plugins: [
    new SizePlugin(),
  ],
};
```

在每次执行 Webpack 打包命令后,size-plugin 都会输出本次构建的资源体积(gzip 过后),以及与上次构建相比体积变化了多少,如图 9-3 所示。

```
$ webpack
        app.js  —  33.3 kB  (+31.9 kB)
   index.html  —  166 B
      pageA.js  —  43.8 kB  (+42.5 kB)
      pageB.js  —  26.2 kB  (+24.9 kB)
```

图 9-3　展示两次构建资源体积的变化

该插件目前还不够完善，理想情况下它应该可以把这些结果以文件的形式输出出来，这样就便于我们在持续集成平台上对结果进行对比了。不过它还在快速完善中，也许未来会添加类似的功能。

9.2　模块热替换

在早期开发工具还比较简单和匮乏的年代，调试代码的方式基本都是改代码—刷新网页查看结果—再改代码，这样反复地修改和测试。后来，一些 Web 开发框架和工具提供了更便捷的方式——只要检测到代码改动就会自动重新构建，然后触发网页刷新。这种一般被称为 live reload。Webpack 则在 live reload 的基础上又进了一步，可以让代码在网页不刷新的前提下得到最新的改动，我们甚至不需要重新发起请求就能看到更新后的效果。这就是模块热替换功能（Hot Module Replacement，HMR）。

HMR 对于大型应用尤其适用。试想一个复杂的系统每改动一个地方都要经历资源重构建、网络请求、浏览器渲染等过程，怎么也要几秒甚至几十秒的时间才能完成；况且我们调试的页面可能位于很深的层级，每次还要通过一些人为操作才能验证结果，其效率是非常低下的。而 HMR 则可以在保留页面当前状态的前提下呈现出最新的改动，可以节省开发者大量的时间成本。

9.2.1　开启 HMR

HMR 是需要手动开启的，并且有一些必要条件。

首先我们要确保项目是基于 webpack-dev-server 或者 webpack-dev-middle 进行开发的，Webpack 本身的命令行并不支持 HMR。下面是一个使用 webpack-dev-server 开启

HMR 的例子。

```
const webpack = require('webpack');
module.exports = {
  // ...
  plugins: [
    new webpack.HotModuleReplacementPlugin()
  ],
  devServer: {
    hot: true,
  },
};
```

上面配置产生的结果是 Webpack 会为每个模块绑定一个 module.hot 对象,这个对象包含了 HMR 的 API。借助这些 API 我们不仅可以实现对特定模块开启或关闭 HMR,也可以添加热替换之外的逻辑。比如,当得知应用中某个模块更新了,为了保证更新后的代码能够正常工作,我们可能还要添加一些额外的处理。

调用 HMR API 有两种方式,一种是手动地添加这部分代码;另一种是借助一些现成的工具,比如 react-hot-loader、vue-loader 等。

如果应用的逻辑比较简单,我们可以直接手动添加代码来开启 HMR。比如下面这个例子:

```
// index.js
import { add } from 'util.js';
add(2, 3);

if (module.hot) {
  module.hot.accept();
}
```

假设 index.js 是应用的入口,那么我们就可以把调用 HMR API 的代码放在该入口中,这样 HMR 对于 index.js 和其依赖的所有模块都会生效。当发现有模块发生变动时,HMR 会使应用在当前浏览器环境下重新执行一遍 index.js(包括其依赖)的内容,但是页面本身不会刷新。

大多数时候,还是建议应用的开发者使用第三方提供的 HMR 解决方案,因为

HMR 触发过程中可能会有很多预想不到的问题，导致模块更新后应用的表现和正常加载的表现不一致。为了解决这类问题，Webpack 社区中已经有许多相应的工具提供了解决方案。比如 react 组件的热更新由 react-hot-loader 来处理，我们直接拿来用就行。

9.2.2 HMR 原理

在开启 HMR 的状态下进行开发，你会发现资源的体积会比原本的大很多，这是因为 Webpack 为了实现 HMR 而注入了很多相关代码。在它的实现过程里也包含了很多有意思的问题，下面我们来详细介绍一下 HMR 的工作原理。

在本地开发环境下，浏览器是客户端，webpack-dev-server（WDS）相当于是我们的服务端。HMR 的核心就是客户端从服务端拉取更新后的资源（准确地说，HMR 拉取的不是整个资源文件，而是 chunk diff，即 chunk 需要更新的部分。关于 chunk 的概念请参考第 3 章）。

第 1 步就是浏览器什么时候去拉取这些更新。这需要 WDS 对本地源文件进行监听。实际上 WDS 与浏览器之间维护了一个 websocket，当本地资源发生变化时 WDS 会向浏览器推送更新事件，并带上这次构建的 hash，让客户端与上一次资源进行比对。通过 hash 的比对可以防止冗余更新的出现。因为很多时候源文件的更改并不一定代表构建结果的更改（如添加了一个文件末尾空行等）。websocket 发送的事件列表如图 9-4 所示。

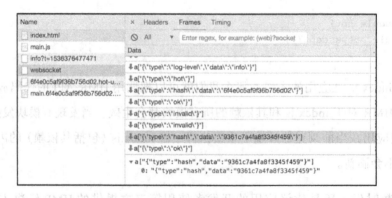

图 9-4 websocket 事件列表

这同时也解释了为什么当我们开启多个本地页面时，代码一改所有页面都会更新。当然 webscoket 并不是只有开启了 HMR 才会有，live reload 其实也是依赖这个而实现的。

有了恰当的拉取资源的时机，下一步就是要知道拉取什么。这部分信息并没有包含在刚刚的 websocket 中，因为刚刚我们只是想知道这次构建的结果是不是和上次一样。现在客户端已经知道新的构建结果和当前的有了差别，就会向 WDS 发起一个请求来获取更改文件的列表，即哪些模块有了改动。通常这个请求的名字为 [hash].hot-update.json。图 9-5、图 9-6 分别展示了该接口的请求地址和返回值。

```
▼ General
    Request URL: http://localhost:3000/dist/2410644c20694722f9ca.hot-update.json
    Request Method: GET
    Status Code: ● 200 OK
    Remote Address: 127.0.0.1:3000
    Referrer Policy: no-referrer-when-downgrade
```

图 9-5　请求 chunk 地址

```
× Headers  Preview  Response  Timing
1 {"h":"e388ea0f0e0054e37cee","c":{"main":true}}
```

图 9-6　WDS 向浏览器的返回值

该返回结果告诉客户端，需要更新的 chunk 为 main，版本为（构建 hash）e388ea0f0e0054e37cee。这样客户端就可以再借助这些信息继续向 WDS 获取该 chunk 的增量更新。图 9-7、图 9-8 展示了一个获取增量更新接口的例子。

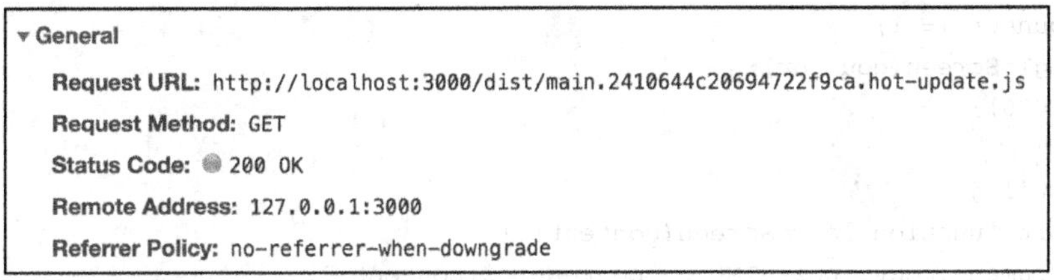

```
▼ General
    Request URL: http://localhost:3000/dist/main.2410644c20694722f9ca.hot-update.js
    Request Method: GET
    Status Code: ● 200 OK
    Remote Address: 127.0.0.1:3000
    Referrer Policy: no-referrer-when-downgrade
```

图 9-7　URL 中包含了需要更新的 chunk name 及其版本信息

```
×  Headers  Preview  Response  Timing
1  webpackHotUpdate("main", {
2
3    /***/
-    "./app.js": /*!****************!*\
5    !*** ./app.js ***!
6    \****************/
7    /*! no exports provided */
8    /***/
-    (function(module, __webpack_exports__, __webpack_require__) {
9
10       "use strict";
11       eval("__webpack_require__.r(__webpack_exports__);\n/* harmony import */ var _styl
12
13       /***/
-    }
-    )
14
15 })
16
```

图 9-8　增量更新接口返回值

现在客户端已经获取到了 chunk 的更新，到这里又遇到了一个非常重要的问题，即客户端获取到这些增量更新之后如何处理？哪些状态需要保留，哪些又需要更新？这个就不属于 Webpack 的工作了，但是它提供了相关的 API（如前面我们提到的 module.hot. accept），开发者可以使用这些 API 针对自身场景进行处理。像 react-hot-loader 和 vue-loader 也都是借助这些 API 来实现的 HMR。

9.2.3　HMR API 示例

我们来看一个实际使用 HMR API 的例子。

```
// index.js
import { logToScreen } from './util.js';
let counter = 0;
console.log('setInteval starts');
setInterval(() => {
  counter += 1;
  logToScreen(counter);
}, 1000);

// util.js
export function logToScreen(content) {
  document.body.innerHTML = `content: ${content}`;
}
```

这个例子实现的是在屏幕上输出一个整数并每秒加 1。现在我们要对它添加 HMR 应该怎么做呢？如果以最简单的方式来说的话即是添加如下代码：

```
if (module.hot) {
  module.hot.accept();
}
```

前面已经提到，这段代码的意思是让 index.js 及其依赖只要发生改变就在当前环境下全部重新执行一遍。但是我们发现它会带来一个问题：在当前的运行时我们已经有了一个 setInterval，而每次 HMR 过后又会添加新的 setInterval，并没有对之前的进行清除，所以最后我们会看到屏幕上有不同的数字闪来闪去。从图 9-9 中的 console 信息可以看出 setInterval 确实执行了多次。

```
[HMR] Waiting for update signal from WDS...
setInterval starts
[WDS] Hot Module Replacement enabled.
[WDS] App updated. Recompiling...
[WDS] App hot update...
[HMR] Checking for updates on the server...
setInterval starts
[HMR] Updated modules:
[HMR]  - ./util.js
[HMR]  - ./app.js
[HMR] App is up to date.
> |
```

图 9-9　setInterval starts 被打印了两次

为了避免这个问题，我们可以让 HMR 不对 index.js 生效。也就是说，当 index.js 发生改变时，就直接让整个页面刷新，以防止逻辑出现问题，但对于其他模块来说我们还想让 HMR 继续生效。那么可以将上面的代码修改如下：

```
if (module.hot) {
  module.hot.decline();
  module.hot.accept(['./util.js']);
}
```

module.hot.decline 是将当前 index.js 的 HMR 关掉，当 index.js 自身发生改变时禁止使用 HMR 进行更新，只能刷新整个页面。而后面一句 module.hot.accept(['./util.js']) 的意思是当 util.js 改变时依然可以启用 HMR 更新。

上面只是一个简单的例子，展示了如何针对不同模块进行 HMR 的处理。更多相关的 API 请参考 Webpack 文档。

9.3 本章小结

本章我们介绍了一些 Webpack 周边插件，以及如何使用 HMR。这几年 Webpack 社区一直非常活跃，里面有很多有意思的小工具，感兴趣的读者可以选择一些去读一读源码，甚至进行一下改造，这对于了解 Webpack 本身也会有所帮助。

第 10 章 Chapter 10

更多 JavaScript 打包工具

本书主要介绍的是 Webpack，而在 JavaScript 社区中还有一些其他类似的打包工具，它们有的更简洁轻量，有的更专注于某一类特定场景。本章我们将对其中的 Rollup 和 Parcel 进行介绍，了解这些工具将有助于从更多的角度来认识打包工具的发展，以及未来工程的技术选型。本章将包含以下内容：

- Rollup 和 Parcel 各自的特点和优势；
- JavaScript 打包工具发展趋势；
- 如何选择合适的打包工具。

10.1 Rollup

如果用 Webpack 与 Rollup 进行比较的话，那么 Webpack 的优势在于它更全面，基于"一切皆模块"的思想而衍生出丰富的 loader 和 plugin 可以满足各种使用场景；而 Rollup 则更像一把手术刀，它更专注于 JavaScript 的打包。当然 Rollup 也支持许多其他类型的模块，但是总体而言在通用性上还是不如 Webpack。如果当前的项目需求仅仅是打包 JavaScript，比如一个 JavaScript 库，那么 Rollup 很多时候会是我们的第一选择。

10.1.1 配置

下面用一个简单的示例工程来看看 Rollup 是如何工作的。首先创建 Rollup 的配置文件 rollup.config.js 及我们打包的项目文件 app.js。

```
// rollup.config.js
module.exports = {
  input: 'src/app.js',
  output: {
    file: 'dist/bundle.js',
    format: 'cjs',
  },
};

// src/app.js
console.log('My first rollup app.');
```

与 Webpack 一般装在项目内部不同，Rollup 直接全局安装即可。

```
(sudo) npm i rollup -g
```

然后我们使用 Rollup 的命令行指令进行打包。

```
rollup -c rollup.config.js
```

-c 参数是告诉 Rollup 使用该配置文件。打包结果如下：

```
'use strict';
console.log('My first rollup app.');
```

可以看到，我们打包出来的东西很干净，Rollup 并没有添加什么额外的代码（就连第 1 行的 'use strict' 都可以通过配置 output.strict 去掉）。而对于同样的源代码，我们试试使用 Webpack 来打包，配置如下：

```
// webpack.config.js
module.exports = {
  entry: './src/app.js',
  output: {
    filename: 'bundle.js',
  },
```

```
  mode: 'production',
};
```

产出结果如下：

```
!(function(e) {
  var t = {};
  function r(n) {
    if (t[n]) return t[n].exports;
    var o = (t[n] = { i: n, l: !1, exports: {}, });
    return e[n].call(o.exports, o, o.exports, r), (o.l = !0), o.exports;
  }
  // 此处省略了50行 Webpack 自身代码...
})([
  function(e, t) {
    console.log('My first rollup app.');
  }
]);
```

可以看到，即便我们的项目本身仅仅有一行代码，Webpack 也需要将自身代码注入进去（大概 50 行左右）。显然 Rollup 的产出更符合我们的预期，不包含无关代码，资源体积更小。

10.1.2 tree shaking

在前面 Webpack 的章节中已经介绍过 tree shaking，而实际上 tree shaking 这个特性最开始是由 Rollup 实现的，而后被 Webpack 借鉴了过去。

Rollup 的 tree shaking 也是基于对 ES6 Modules 的静态分析，找出没有被引用过的模块，将其从最后生成的 bundle 中排除。下面我们对之前的例子稍加改动以验证这一功能。

```
// app.js
import { add } from './util';
console.log(`2 + 3 = ${add(2, 3)}`);

// util.js
export function add(a, b) {
  return a + b;
```

```
}
export function sub(a, b) {
  return a - b;
}
```

Rollup 的打包结果如下：

```
'use strict';

function add(a, b) {
  return a + b;
}

console.log(`2 + 3 = ${add(2, 3)}`);
```

可以看到，util.js 中的 sub 函数没有被引用过，因此也没有出现在最终的 bundle.js 中。与之前一样，输出的内容非常清晰简洁，没有附加代码。

10.1.3 可选的输出格式

Rollup 有一项 Webpack 不具备的特性，即通过配置 output.format 开发者可以选择输出资源的模块形式。上面例子中我们使用的是 cjs（CommonJS），除此之外 Rollup 还支持 amd、esm、iife、umd 及 system。这项特性对于打包 JavaScript 库特别有用，因为往往一个库需要支持多种不同的模块形式，而通过 Rollup 几个命令就可以把一份源代码打包为多份。下面使用一段简单的代码进行举例。

```
'use strict';
export function add(a, b) {
  return a + b;
}
export function sub(a, b) {
  return a - b;
}
```

当 output.format 是 cjs（CommonJS）时，输出如下：

```
Object.defineProperty(exports, '__esModule', { value: true });
function add(a, b) {
  return a + b;
```

```
}
function sub(a, b) {
  return a - b;
}
exports.add = add;
exports.sub = sub;
```

当 output.format 是 esm（ES6 Modules）时，输出如下：

```
function add(a, b) {
  return a + b;
}
function sub(a, b) {
  return a - b;
}
export { add, sub };
```

10.1.4　使用 Rollup 构建 JavaScript 库

在实际应用中，Rollup 经常被用于打包一些库或框架（比如 React 和 Vue）。在 React 团队的一篇博文中曾提到，他们将 React 原有的打包工具从 Browserify 迁移到了 Rollup，并从中获取到了以下几项收益：

- 最低限度的附加代码；
- 对 ES6 Module 的良好支持；
- 通过 tree shaking 去除开发环境代码；
- 通过自定义插件来实现 React 一些特殊的打包逻辑。

Rollup 在设计之初就主要偏向于 JavaScript 库的构建，以至于它没有 Webpack 对于应用开发那样强大的支持（各种 loader 和 plugin、HMR 等），所以我们在使用 Rollup 进行这类项目开发前还是要进行仔细斟酌。

10.2　Parcel

Parcel 在 JavaScript 打包工具中属于相对后来者（根据 npm 上的数据，Parcel 最早的版本上传于 2017 年 8 月，Webpack 和 Rollup 则分别是 2012 年 3 月和 2015 年 5 月）。在 Parcel 官网的 Benchmark 测试中，在有缓存的情况下其打包速度要比 Webpack 快将近 8 倍，且宣称自己是零配置的。它的出现正好契合了当时开发者们对于 Webpack 打包速度慢和配置复杂的抱怨，从而吸引了众多用户。下面我们来深入了解一下 Parcel 的这些特性。

10.2.1 打包速度

Parcel 在打包速度的优化上主要做了 3 件事：

- 利用 worker 来并行执行任务；
- 文件系统缓存；
- 资源编译处理流程优化。

上面 3 种方法中的前两个 Webpack 已经在做了。比如 Webpack 在资源压缩时可以利用多核同时压缩多个资源（但是在资源编译过程中还没实现）；本地缓存则更多的是在 loader 的层面，像 babel-loader 就会把编译结果缓存在项目中的一个隐藏目录下，并通过本地文件的修改时间和状态来判断是否使用上次编译的缓存。下面我们来着重说一下第 3 点，也就是对资源编译处理流程的优化。

我们知道，Webpack 本身只认识 JavaScript 模块，它主要是靠 loader 来处理各种不同类型的资源。在第 4 章对于 loader 的介绍中我们提到过，loader 本质上就是一个函数，一般情况下它的输入和输出都是字符串。比如，对于 babel-loader 来说，它的输入是 ES6+ 的内容，babel-loader 会进行语法转换，最后输出为 ES5 的形式。

如果我们更细致地分析 babel-loader 的工作流程，大体可以分为以下几步：

- 将 ES6 形式的字符串内容解析为 AST（abstract syntax tree，抽象语法树）；
- 对 AST 进行语法转换；
- 生成 ES5 代码，并作为字符串返回。

这就是一个很正常的资源处理的过程。但假如是多个 loader 依次对资源进行处理呢？比如说在 babel-loader 的后面我们又添加了两个 loader 来处理另外一些特殊语法。整体的 JavaScript 编译流程如图 10-1 所示。

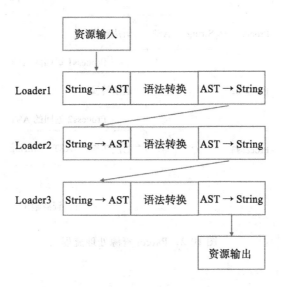

图 10-1　Webpack 多个 loader 资源处理流程

从中我们可以看到，其中涉及大量的 String 和 AST 之间的转换，这主要是因为 loader 在设计的时候就只能接受和返回字符串，不同的 loader 之间并不需要知道彼此的存在，只要完成好各自的工作就可以了。虽然会产生一些冗余的步骤，但是这有助于保持 loader 的独立性和可维护性。

Parcel 并没有明确地暴露出一个 loader 的概念，其资源处理流程不像 Webpack 一样可以对 loader 随意组合，但也正因为这样它不需要那么多 String 与 AST 的转换操作。Parcel 的资源处理流程可以理解为如图 10-2 所示。

可以看到，Parcel 里面资源处理的步骤少多了，这主要得益于在它在不同的编译处理流程之间可以用 AST 作为输入输出。对于单个的每一步来说，如果前面已经解析过 AST，那么直接使用上一步解析和转换好的 AST 就可以了，只在最后一步输出的时候再将 AST 转回 String 即可。试想一下，对于一些规模比较庞大的工程来说，解析 AST 是个十分耗时的工作，能将其优化为只执行一次则会节省很多时间。

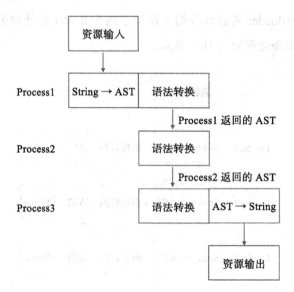

图 10-2　Parcel 资源处理流程

10.2.2　零配置

接着我们看看 Parcel 的另一个特性——零配置。下面是一个完全不需要任何配置的例子：

```
<!-- index.html -->
<html>
<body>
  <script src="./index.js"></script>
</body>
</html>

// index.js
document.write('hello world');
```

执行 Parcel 打包（和 Rollup 类似，Parcel 也使用 npm 全局安装）。

```
parcel index.html
```

这样就启动了 Parcel 的开发模式，使用浏览器打开 localhost:1234 即可观察到效果。

如果要打包为文件，则执行以下命令：

```
parcel build index.html
```

Parcel 会创建一个 dist 目录，并在其中生成打包压缩后的资源，如图 10-3 所示。

```
├── dist
│   ├── index.html
│   ├── quick-start.50c6deb9.js
│   └── quick-start.50c6deb9.map
├── index.html
└── index.js
```

图 10-3　Parcel 生成的 dist 目录

从上面可以看出和 Webpack 的一些不同之处。首先，Parcel 是可以用 HTML 文件作为项目入口的，从 HTML 开始再进一步寻找其依赖的资源；并且可以发现对于最后产出的资源，Parcel 已经自动为其生成了 hash 版本号及 source map。另外，如果打开产出的 JS 文件会发现，内容都是压缩过的，而此时我们还没有添加任何配置或者命令行参数。可见在项目初始化的一些配置上 Parcel 确实比 Webpack 简洁很多。

然而话说回来，对于一个正常 Web 项目来说，没有任何配置是几乎不可能的，因为如果完全没有配置也就失去了定制性。虽然 Parcel 并没有属于自己的配置文件，但本质上它是把配置进行了切分，交给 Babel、PostHTML 和 PostCSS 等一些特定的工具进行分别管理。比如当项目中有 .babelrc 时，那么 Parcel 打包时就会采用它作为 ES6 代码解析的配置。

另外，Parcel 提供了多种不同类型工程的快速配置方法。举个例子，在使用 Webpack 时，假如我们要使用 Vue 则必然会需要 vue-loader。但是使用 Parcel 的话并不需要手动安装这样一个特殊的工具模块来对 .vue 文件进行处理。在一个 Parcel 工程中要使用 Vue 则只需安装 Vue 本身及 parcel-bundler 即可，如下面所示：

```
npm install --save vue
npm install --save-dev parcel-bundler
```

这样就可以了，并不需要进行更多的配置。Parcel 已经帮我们处理好后面的工作，看上去是不是很简单、直接呢？

Parcel 相比 Webpack 的优势在于快和灵巧。假如我们需要在很短的时间内搭建一个原型，或者不需要进行深度定制的工程，那么使用 Parcel 的话前期开发速度会很快。以前即便做一个小工程使用 Webpack 也要先写一堆配置，现在我们多了另外一种选择。

10.3　打包工具的发展趋势

除了上面介绍的 Rollup 和 Parcel 以外，JavaScript 社区中还有许多打包工具（如 FuseBox、Microbundle、Pax 等，限于它们相对比较小众，这里不做过多介绍）。我们不妨对所有这些进行一个总览，来总结一下近年来 JavaScript 打包工具的发展趋势。

10.3.1　性能与通用性

无论什么时候性能都是我们关注一个打包工具的重要指标，但是性能与通用性有时是一对互相制衡的指标。若一个工具通用性特别强，可以适用在各种场景，那么它往往无法针对某一种场景做到极致，必然会有一些取舍，性能上可能就不如那些更加专注于某一个小的领域的工具。

比如，Parcel 利用 Worker 来进行多核编译的特性，Webpack 在这方面就落后了不少。不是 Webpack 不想加，而是它本身的体量比 Parcel 大得多，要很好地支持并不容易。鉴于现在 Webpack 社区的繁荣，其实它在通用性上已经做得很好了。因此现在对于新出现的工具的趋势是，专注在某一特定领域，比 Webpack 做得更好更精，性能更强。我们在进行技术选型时也要看当前项目的需求，在通用性与性能之间做一些权衡和取舍。

10.3.2　配置极小化与工程标准化

对于所有的 JavaScript 打包工具来说，配置极小化甚至是零配置逐渐成为了一个重要的特性。Parcel 的出现让开发者们意识到，打包工具不一定非要写一大堆配置，很多东西其实是可以被简化的。于是一系列打包工具都开始往这方面进行改进，以简洁的配置作为卖点。Parcel 出现不久后就连 Webpack 也在 4.0 的版本中宣称自己支持零配置。

在配置极小化的背后体现出来的其实是 JavaScript 工程的标准化。最简单的就是源码目录和产出资源目录。以前大家可能没有太多这方面的意识，都是随意地组织目录和进行命名，因此到了打包工具这边每个项目的配置都不太一样。而现在，越来越多的工程都开始趋同，比如用 src 作为源码目录，以 dist 作为资源输出目录。当它成为一种约定俗成的东西之后其实就不要特别的配置了，作为构建时默认的项目就好了。

类似的还有很多工程配置，如代码压缩、特定类型的资源编译处理等。经过大家一段时间的实践，社区中已经基本形成了一套可以面向大多数场景的解决方案，并不需要特别个性化的东西，现有方案拿来即用。在前两年的 JavaScript 社区发展中，各种工具和库层出不穷，处于一个爆炸式膨胀的状态。但随着一些东西逐渐成熟，经过了一些打磨和沉淀，一些共识也逐渐被大家接纳和采用，这对于整个社区的发展其实是一个好事。

10.3.3　WebAssembly

WebAssembly 是一项近年来快速发展的技术，它的主要特性是性能可以媲美于原生，另外像 C 和 Java 等语言都可以编译为 WebAssembly 在现代浏览器上运行。因此在游戏、图像识别等计算密集型领域中，WebAssembly 拥有很广阔的发展前景。

目前，不管你使用 Webpack、Rollup 还是 Parcel，均能找到对 WebAssembly 的支持。比如我们可以这样使用以下 .wasm 的模块：

```
import { add } from './util.wasm';
add(2, 3);
```

试想一下，假如我们的 loader 及同类的编译工具足够强大，是否甚至也可以直接引用一个其他语言的模块呢？你可以引用一段 C 语言的代码或者 Rust 的代码，然后让它们运行在我们的浏览器环境中。这看起来很不可思议，但其实并没有我们想象的那么遥不可及。

10.4 本章小结

本章我们主要介绍了 JavaScript 社区中除 Webpack 以外比较主流的打包工具。

Rollup 更加专注于 JavaScript 的打包，它自身附加的代码更少，具备 tree shaking，且可以输出多种形式的模块。

Parcel 在资源处理流程上做了改进，以追求更快的打包速度。同时其零配置的特性可以减少很多项目开发中花费在环境搭建上面的成本。

在进行技术选型的时候，我们不仅要结合目前工具的一些特性，也要看其未来的发展路线图。如果其能在后续保持良好的社区生态及维护状况，对于项目今后的发展也是非常有利的。

推荐阅读

本书是HTML 5与CSS 3领域公认的标杆之作,被读者誉为"系统学习HTML 5与CSS 3的标准著作",也是Web前端工程师案头必备工作手册。

前3版累计印刷超过25次,网络书店评论超过14000条,98%以上的评论都是五星级好评。不仅是HTML 5与CSS 3图书领域当之无愧的领头羊,而且在整个原创计算机图书领域也是佼佼者。

第4版首先从技术的角度根据最新的HTML 5和CSS 3标准进行了更新和补充,其次是根据读者的反馈对内容的组织结构和写作方式做了进一步的优化,内容更实用,阅读体验也更好。

全书共26章,本书分为上下两册:

上册(1~14章)

全面系统地讲解了HTML 5相关的各项主要技术,以HTML 5对现有Web应用产生的变革开篇,顺序讲解了HTML 5与HTML 4的区别、HTML 5的结构、表单及新增页面元素、ECMAScript、文件API、本地存储、XML HttpRequest、Web Workers、Service Worker、通信API、Web组件、绘制图形、多媒体等内容。

下册(15~26章)

全面系统地讲解了CSS 3相关的各项主要技术,以CSS 3的功能和模块结构开篇,顺序讲解了各种选择器、文字与字体、盒相关样式、背景与边框、变形处理、动画、布局、多媒体,以及CSS 3中的一些其他重要样式。

全书一共300余个示例页面和1个综合性的案例,所有代码均通过作者上机调试,读者可下载书中代码,直接在浏览器查看运行结果。

推荐阅读

畅销书,由Flask官方团队的开发成员撰写,得到了Flask项目核心维护者的高度认可。

内容上,本书从基础知识到进阶实战,再到Flask原理和工作机制解析,涵盖完整的Flask Web开发学习路径,非常全面。

实战上,本书从开发环境的搭建、项目的建立与组织到程序的编写,再到自动化测试、性能优化,最后到生产环境的搭建和部署上线,详细讲解完整的Flask Web程序开发流程,用5个综合性案例将不同难度层级的知识点及具体原理串联起来,让你在开发技巧、原理实现和编程思想上都获得相应的提升。

畅销书,这不是一本单纯讲解前端编程技巧的书,而是一本注重思想提升和内功修炼的书。

全书以问题为导向,精选了前端开发中的34个疑难问题,从分析问题的原因入手,逐步给出解决方案,并分析各种方案的优劣,最后针对每个问题总结出高效编程的实践和各种性能优化的方法。